Agricultures tropicales en poche
Directeur de la collection
Philippe Lhoste

La transformation des grains

Jean-François Cruz, D. Joseph Hounhouigan,
Michel Havard et Thierry Ferré

Éditions Quæ, CTA, Presses agronomiques de Gembloux

À propos du CTA

Le Centre technique de coopération agricole et rurale (CTA) est une institution internationale conjointe des États du Groupe ACP (Afrique, Caraïbes, Pacifique) et de l'Union européenne (UE). Il intervient dans le cadre des Accords de Cotonou et est financé par l'UE. Pour plus d'information sur le CTA, visitez : www.cta.int

CTA, PB 380, 6700 AJ Wageningen, Pays-Bas
www.cta.int

Éditions Quæ, RD 10, 78026 Versailles Cedex, France
www.quae.com – www.quae-open.com

Presses agronomiques de Gembloux, Passage des Déportés, 2,
B-5030 Gembloux, Belgique
www.pressesagro.be

Pour citer cet ouvrage :

Cruz J.F., Hounhouigan D.J. Havard M., Ferré T., 2019. La transformation des grains. Collection Agricultures tropicales en Poche, Quæ, Presses agronomiques de Gembloux, CTA, Versailles, Gembloux, Wageningen. 182 p. + cahier quadri 16 p.

Éditions Quæ	PAG
ISBN papier : 978-2-7592-2783-9	ISBN papier : 978-2-87016-167-8
ISBN pdf : 978-2-7592-2784-6	ISBN pdf : 978-2-87016-168-5
ISBN ePub : 978-2-7592-2785-3	ISBN ePub : 978-2-87016-169-2

CTA

ISBN (version numérique) : 978-92-9081-669-0

Table des matières

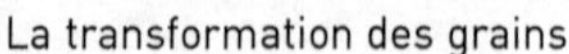

Avant-propos

La collection Agricultures tropicales en Poche (AtP) est gérée par un consortium comprenant le CTA de Wageningen (Pays-Bas), les Presses agronomiques de Gembloux (Belgique) et les Éditions Quæ (France). Cette collection comprend trois séries d'ouvrages pratiques consacrés aux productions animales, aux productions végétales et aux questions transversales.

Ces guides pratiques sont destinés avant tout aux producteurs, aux techniciens, aux conseillers agricoles et aux acteurs des filières agroalimentaires. En raison de leur caractère synthétique et actualisé, ils se révèlent être également d'utiles sources d'informations pour les chercheurs, les cadres des services techniques, les étudiants de l'enseignement supérieur et les agents des programmes de développement rural.

Ce nouveau livre aborde la transformation des grains et prolonge le livre sur la conservation des grains paru dans la même collection[1]. Il complète également deux ouvrages parus sur le fonio[2] et le sorgho[3]. L'objet est, cette fois, de présenter les différents procédés de transformation des céréales et d'autres grains en ciblant principalement les petites et moyennes entreprises comme principaux acteurs des systèmes de transformation des produits alimentaires dans les pays du Sud.

Les grains, et particulièrement les céréales et les légumineuses, restent la base de l'alimentation dans la plupart des pays du Sud où ils constituent souvent l'essentiel des rations alimentaires. Si l'accroissement de la production agricole a permis de répondre, en partie, à l'augmentation de la demande alimentaire, il reste indispensable d'améliorer la conservation et la transformation des produits agricoles pour réduire les pertes post-récolte et répondre à une demande qui évolue. L'amélioration des techniques et des équipements pour la transformation des grains contribue significativement à l'allègement du travail domestique des femmes qui sont chargées de ces tâches dans les familles rurales pour la préparation des repas.

Aujourd'hui, en effet, la demande alimentaire se modifie avec l'accroissement de l'urbanisation qui est un facteur essentiel de l'évolution des filières. Le développement d'un nouveau mode de vie induit également de nouvelles habitudes alimentaires. Les ménages urbains n'ont plus assez de temps pour préparer les repas selon des recettes traditionnelles

1. *La conservation des grains après récolte*, Jean-François Cruz *et al.*, 2016.
2. *Le fonio, une céréale africaine*, Jean-François Cruz *et al.*, 2011.
3. *Le sorgho*, Jacques Chantereau *et al.*, 2013.

de leur région d'origine. Le marché de l'alimentation évolue et les consommateurs ne sont plus seulement demandeurs de denrées de base, mais recherchent souvent des produits déjà transformés, prêts à cuire ou prêts à consommer, et fabriqués selon des procédés satisfaisant leur perception de la qualité organoleptique et respectant les règles d'hygiène et l'environnement. La transformation des produits agricoles est donc confrontée à une nouvelle donne, à de nouveaux défis.

La conservation et la transformation des produits agricoles apparaissent en effet comme des enjeux importants des prochaines décennies pour satisfaire la sécurité et les besoins alimentaires d'une population en augmentation en Afrique notamment. L'amélioration des techniques de transformation des produits agricoles permettra d'accroître la productivité de ces opérations et aussi de diminuer la pénibilité du travail des femmes qui effectuent le plus souvent ces opérations de transformation des grains. Les processus de mécanisation de cette transformation exigent du temps et des investissements, et ils devront s'appuyer sur les organisations de producteurs et sur le secteur privé. Ces technologies contribueront à ajouter de la valeur aux productions agricoles et à en améliorer la commercialisation, tout en réduisant les pertes et les gaspillages. Cet ouvrage contribue à accompagner ces dynamiques auprès des acteurs de ces filières et notamment les petites et moyennes entreprises.

Cet ouvrage est coordonné par Jean-François Cruz, chercheur au Cirad et spécialiste des technologies post-récolte des grains. Les co-auteurs sont D. Joseph Hounhouigan, professeur en sciences et technologie alimentaires à la Faculté des Sciences agronomiques de l'Université d'Abomey-Calavi du Bénin, Michel Havard, agronome au Cirad et spécialiste de la mécanisation agricole en Afrique subsaharienne et Thierry Ferré, chercheur au Cirad et spécialiste des processus d'innovation dans l'agroalimentaire.

Ces auteurs se sont attachés à produire une synthèse simple, actualisée et illustrée des connaissances sur la transformation des produits agricoles en zone tropicale. Cet ouvrage pourra servir de référence pratique aux opérateurs des filières grains et notamment aux transformateurs mais également aux centres de formation et aux différentes structures qui œuvrent sur le terrain pour améliorer cette phase essentielle qu'est la transformation des grains dans les filières agroalimentaires. Les versions numériques (pdf et ePub) sont en accès libre.

Philippe Lhoste

Directeur de la collection Agricultures tropicales en Poche

Remerciements

Les auteurs remercient vivement les personnes qui ont contribué à la publication de cet ouvrage et notamment les relecteurs scientifiques : Philippe Lhoste, directeur de la collection Agricultures tropicales en Poche et Claire Mouquet-Rivier, chercheure à l'IRD. Nos remerciements vont également à Eléonore Beckers des Presses agronomiques de Gembloux et à Claire Jourdan-Ruf des Éditions Quæ pour le travail accompli dans la mise en forme finale de cet ouvrage.

Introduction

Les grains et notamment les céréales et les légumineuses représentent encore plus des deux tiers de l'apport calorique en Afrique subsaharienne. Le riz, le maïs, le mil ou le sorgho, parfois associés au haricot, au niébé ou à l'arachide, constituent généralement la base de l'alimentation des populations autant en zone urbaine qu'en zone rurale. On ne consomme cependant pas des produits mais des plats élaborés à partir des produits transformés. Du produit récolté au plat consommé, les grains doivent ainsi subir une succession d'opérations de post-récolte et de première transformation (décorticage, mouture) pour être intégrés aux préparations culinaires. Durant des siècles, ces opérations ont traditionnellement été réalisées par les femmes au moyen d'équipements rudimentaires tels que le pilon et le mortier, mais ces tâches longues et fastidieuses sont aujourd'hui de moins en moins acceptées, notamment en milieu urbain, en raison de leur très grande pénibilité.

À partir des années 1960, le développement de filières industrielles de transformation des grains a été promu, mais les quelques unités implantées (rizeries ou maïseries) ont rapidement été confrontées à des problèmes de quantité et de qualité des approvisionnements et à des difficultés de commercialisation des produits transformés (Morris, 1986). Parallèlement se sont diffusés, depuis les quartiers des villes jusqu'aux gros villages, de très nombreux petits équipements comme les décortiqueurs à riz et les moulins motorisés (Cruz et Havard, 1994b). Ces petites unités de transformation, souvent gérées par des artisans et des groupements de femmes, ont permis et permettent encore de réaliser des prestations de service au bénéfice de clients qui viennent y transformer leurs grains pour la consommation journalière ou pour la vente sur les marchés.

Depuis les années 1990, la transformation des produits locaux pour le marché intérieur s'est progressivement structurée à partir de microactivités marchandes, généralement assurées par des femmes, à partir de leurs savoir-faire domestiques. Avec près de 30 % du marché alimentaire urbain, le secteur artisanal et celui des petites et moyennes entreprises (PME) représente un secteur économique considérable (Bricas *et al.*, 2016). Il valorise surtout des produits locaux qu'il adapte aux modes de vie urbains et au pouvoir d'achat limité et fractionné d'une importante partie de la population. Il contribue à construire une culture alimentaire valorisant à la fois les traditions rurales et inventant des identités spécifiquement urbaines.

Selon la FAO, un des principaux problèmes à résoudre est de moderniser le système agroalimentaire afin qu'il soit compétitif sur des marchés régionaux, nationaux et mondiaux tout en offrant à une population jeune et diverse des possibilités d'entrepreneuriat, d'améliorer ses conditions de vie et de trouver un emploi (FAO, 2015). La modernisation des filières agroalimentaires en pleine croissance permettra de fabriquer des produits de qualité qui répondent aux besoins changeants des populations urbaines, l'accent étant mis sur des aliments sains, de qualité et prêts à l'emploi.

Cette modernisation nécessite l'utilisation de techniques et d'équipements adaptés aux besoins des secteurs artisanaux et semi-industriels. Aujourd'hui, la recherche doit se focaliser sur la production et le développement de technologies améliorées combinant les procédés technologiques modernes et les pratiques traditionnelles de transformation des produits alimentaires. Les groupes cibles sont principalement les petites et moyennes entreprises et les groupes de femmes qui représentent les principaux acteurs des systèmes de transformation des produits alimentaires. Cet ouvrage sur la transformation des céréales et autres grains permet de faire le point sur les technologies existantes au niveau artisanal et semi-industriel et d'identifier les opérations unitaires susceptibles d'amélioration technologique en visant l'efficacité technique et économique en termes d'énergie et d'environnement, et en se concentrant sur les qualités nutritionnelles et sanitaires des produits obtenus.

1. Importance des céréales et des autres grains dans l'alimentation

Les céréales sont des plantes cultivées pour leurs grains riches en amidon et destinés à l'alimentation humaine ou animale. Ces plantes appartiennent essentiellement à la famille des Poacées ou graminées auxquelles on associe parfois d'autres plantes, appelées par certains pseudo-céréales, comme le sarrasin ou blé noir (Polygonacées), le quinoa et l'amarante (Chénopodiacées) ou la chia (Lamiacées). Depuis leur domestication, au Néolithique, les céréales ont constitué pour l'homme une ressource alimentaire riche en éléments nutritifs, peu volumineuse, facile à conserver et à transporter et bien adaptée aux milieux et aux climats les plus variés.

Les céréales, base de l'alimentation mondiale

Depuis des siècles, trois céréales, le blé, le riz et le maïs, constituent la base alimentaire de nombreuses populations de la planète. Le blé, qui est l'une des premières plantes à avoir été cultivée il y a plus de 10000 ans dans le fameux « croissant fertile » de Mésopotamie, reste la principale céréale des climats tempérés avec une production de 772 Mt (millions de tonnes) en 2017. Il est généralement consommé après broyage en farine (blé tendre) pour la fabrication de pains et de pâtisseries ou en semoule (blé dur) pour la fabrication de pâtes alimentaires ou de produits roulés de type couscous. Le riz est la première céréale des pays tropicaux avec une production voisine de 770 Mt en 2017. Originaire d'Asie de l'Est, cette céréale est aujourd'hui cultivée, en riziculture pluviale ou irriguée, dans la plupart des continents et sous de nombreux climats tropicaux, subtropicaux ou méditerranéens. Le riz est essentiellement consommé sous la forme de grains entiers, plus ou moins blanchis selon les habitudes alimentaires des consommateurs. Le maïs est la céréale des anciennes civilisations d'Amérique centrale qui a été introduite en Europe et en Afrique au XVIe siècle. C'est une céréale des climats subtropicaux qui a été adaptée à de nombreux climats puisqu'on la retrouve aussi bien en Ukraine qu'en Chine ou au Canada. En 2017 sa production atteint environ 1 135 Mt.

Si le blé et le riz sont quasi exclusivement destinés à l'alimentation humaine, le maïs est très utilisé pour l'alimentation animale, notamment dans les pays occidentaux. L'évolution de la production mondiale des principales céréales est illustrée en figure 1.1.

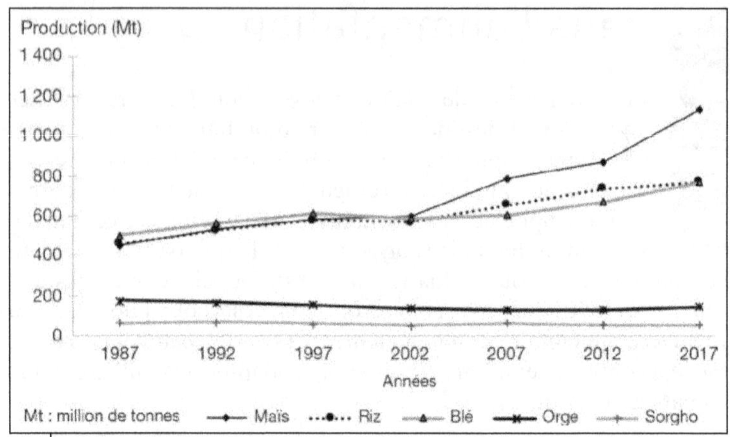

Figure 1.1.
Évolution de la production mondiale (en Mt) des principales céréales sur une période de trente ans (entre 1987 et 2017) (source FAOSTAT).

En Afrique, le sorgho joue un rôle particulier comme céréale rustique, bien adaptée aux régions semi-arides en raison de ses besoins modérés en eau. Domestiqué il y a plus de 8000 ans dans l'Est du continent (Éthiopie, Soudan), il constitue, avec le mil pénicillaire, une culture vivrière de base pour les nombreuses populations des zones sèches d'Afrique subsaharienne. Localement, le sorgho est très lié à son statut de culture de subsistance pour le petit paysannat et reste dans bien des pays une culture fondée sur des variétés locales aux rendements limités (de 700 à 1500 kg/ha) mais fiables (Chantereau *et al.*, 2013). Le sorgho et le mil sont consommés sous forme de bouillies, pâtes, couscous ou galettes. Toutes les préparations traditionnelles sont réalisées à base de farines ou de semoules plus ou moins grossières obtenues après décorticage et mouture des grains. L'évolution de la production africaine des principales céréales est illustrée en figure 1.2.

Du point de vue nutritionnel, les grains entiers des principales céréales sont des aliments essentiellement glucidiques avec 60 à 75 % de glucides digestibles constitués principalement d'amidon, et comprenant un taux de fibres diététiques variable de 5 à 15 %. Les céréales apparaissent

ainsi comme des aliments énergétiques : 1400 à 1600 kJ/100 g. Leur teneur en protéines reste modeste et varie le plus souvent de 8 à 13 % avec un déficit en lysine mais une richesse en méthionine et cystéine chez certaines céréales comme le fonio (Cruz *et al.,* 2011). Les lipides essentiellement concentrés dans le germe des grains sont en faible quantité (2 à 4 %) et pratiquement éliminés lors du décorticage. Les céréales sont peu minéralisées avec comme élément minéral majoritaire le phosphore et une faible teneur en calcium. Les céréales sont généralement pauvres en vitamine A à l'exception du maïs jaune et de certains mils qui contiennent des caroténoïdes actifs. La vitamine C fait défaut également. Les germes sont riches en vitamine E et des vitamines du groupe B sont présentes mais les opérations de décorticage en éliminent une bonne partie (Favier, 1989).

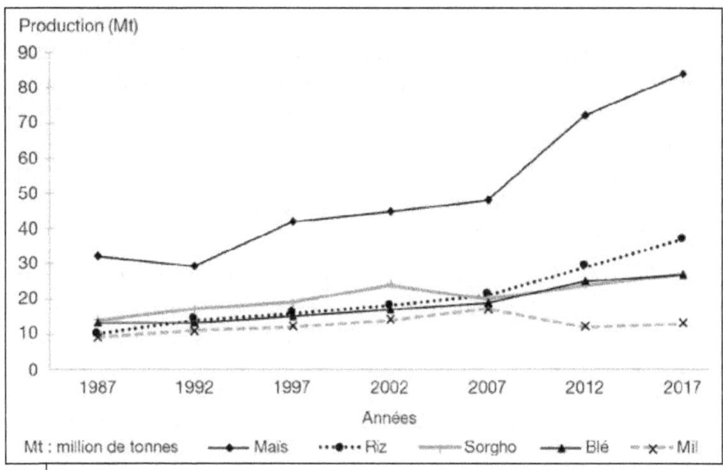

Figure 1.2.
Évolution de la production (Mt) des principales céréales en Afrique sur une période de trente ans (entre 1987 et 2017) (source FAOSTAT).

Pour équilibrer l'apport nutritionnel, notamment protéique, il est généralement recommandé d'associer les céréales aux légumineuses riches en arginine et assez bien pourvues en lysine. Historiquement, en France, les bouillies de céréales et de légumineuses accompagnées de pain étaient des aliments de base pour la population. On retrouve cette association d'une céréale et d'une légumineuse dans de nombreux plats traditionnels de différentes régions du monde. En Amérique centrale, le classique *Gallo Pinto* avec du riz et des haricots rouges ou noirs est un véritable plat national. En Asie, on retrouve de nombreux plats à base de riz et de soja et l'Afrique du Nord est célèbre pour son fameux couscous de blé dur avec pois chiches.

Les légumineuses, complémentaires des céréales

Les légumineuses ou Fabacées sont des plantes dicotylédones surtout cultivées pour leurs graines qui tiennent une place importante dans l'alimentation humaine et animale en raison de leur intérêt nutritionnel élevé. Les graines de légumineuses, parfois appelés légumes secs, renferment, en effet, entre 20 et 25 % de protéines et même 35 % pour le soja. La production mondiale des principales légumineuses est donnée dans le tableau 1.1.

Le soja, originaire d'Asie de l'Est, et l'arachide, originaire d'Amérique centrale, sont les deux principales légumineuses produites dans le monde avec respectivement des productions qui ont atteint 353 Mt et 47 Mt en 2017. Même si le soja reste très consommé en Asie, sous la forme d'aliments fermentés ou non, une grande partie de la production est aujourd'hui utilisée en alimentation animale. L'arachide est, quant à elle, surtout destinée à l'huilerie.

Les principales légumineuses sèches utilisées directement en alimentation humaine sont, par ordre d'importance, les haricots secs, les pois secs, les pois chiches, les lentilles, les doliques ou niébé, les pois d'Angole et les fèves.

Tableau 1.1. Production mondiale (en Mt) des principales légumineuses en 2017.

Légumineuse	Production (Mt)
Soja	353
Arachides non décortiquées	47
Haricots secs	31
Pois secs	16
Pois chiches	15
Lentilles	8
Doliques	7
Pois d'Angole	7
Fèves sèches	5

Sauf pour le soja, la production mondiale des légumineuses augmente beaucoup moins rapidement que celle des céréales (figure 1.3) et leur part dans la production totale de l'agriculture mondiale se réduit d'autant.

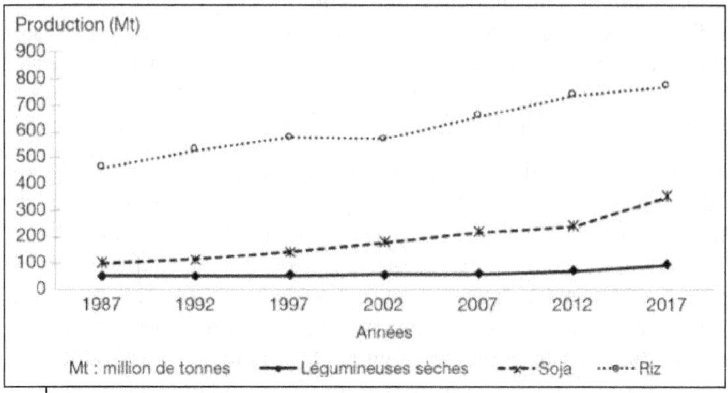

Figure 1.3.
Évolution comparée de la production (Mt) mondiale des légumineuses, du soja et du riz sur une période de trente ans (entre 1987 et 2017) (source FAOSTAT).

En Afrique, les principales légumineuses produites sont l'arachide, le niébé et le haricot, mais, comme au niveau mondial, leurs productions augmentent beaucoup moins rapidement que celle d'une céréale comme le riz (figure 1.4). On note, depuis une vingtaine d'années, un petit développement de la production du soja notamment en Afrique australe et au Nigeria.

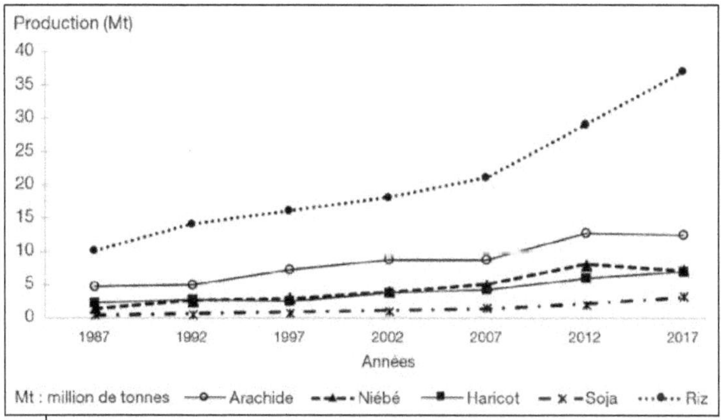

Figure 1.4.
Évolution comparée de la production (Mt) de légumineuses et du riz en Afrique sur une période de trente ans (entre 1987 et 2017) (source FAOSTAT).

Du point de vue nutritionnel, la plupart des légumineuses sont des Amylacées protéinées. Elles sont riches en arginine, assez bien pourvues en lysine mais déficitaires en méthionine et cystéine. Elles complémentent donc bien les céréales qui sont pauvres en lysine, mais équilibrées pour les autres acides aminés. Les légumineuses sont également plus riches en divers minéraux comme le potassium, le calcium et le fer que les céréales et contiennent divers oligo-éléments comme le cuivre et le zinc, et elles sont source de vitamines du groupe B.

La présence de facteurs anti-nutritionnels (des inhibiteurs de protéases et des tannins) peut affecter leur digestibilité, mais ils sont généralement éliminés à la cuisson. Les problèmes de ballonnements ou flatulences peuvent être évités en employant des méthodes traditionnelles comme le trempage, la germination ou la fermentation. On a également constaté que le décorticage améliore la digestibilité et l'assimilation des protéines en éliminant le tégument des graines qui contiennent des polyphénols ou tannins (Redhead et Boelen, 1990).

2. Amélioration de la qualité de la matière première

La qualité de la matière première intègre les différentes caractéristiques et propriétés des grains. Les critères de qualité sont multiples et concernent l'ensemble des caractéristiques physiques, technologiques, biochimiques et organoleptiques des produits. Selon les populations, certains critères peuvent également tenir compte d'aspects culturels liés aux habitudes alimentaires. En général, les industries agroalimentaires recherchent des grains « sains, loyaux, marchands et sans flair ». Ils doivent être d'une bonne homogénéité pour faciliter leur transformation. La propreté et le bon état sanitaire d'un produit restent des qualités essentielles. Le nettoyage, le séchage et le bon stockage des grains sont des opérations indispensables pour améliorer la qualité de la matière première.

La structure des grains, les facteurs d'altération et la qualité

Les grains ont une très grande diversité de forme, de taille ou de couleur (voir cahier couleur photo 1). De forme sphérique, ovale, oblongue, ou parfois même polygonale, les grains de céréales ont, selon les espèces, des dimensions qui varient de moins de 1 mm (fonio) à plus de 10 mm (maïs). Le poids de 1 000 grains peut ainsi varier de 0,5 g (fonio) à près de 350 g (maïs).

La structure physique des grains de céréales

Les grains de céréales sont des fruits secs indéhiscents appelés caryopses qui ne contiennent qu'une graine. Ces organismes vivants sont de véritables plantes miniatures, protégées par des enveloppes et disposant de réserves pour se nourrir et se développer. Les grains sont constitués de trois parties : les enveloppes, l'albumen et le germe.

Les enveloppes

Les grains de céréales sont protégés par une ou plusieurs enveloppes. Les couches cellulaires les plus externes constituent le péricarpe qui correspond aux téguments du « fruit ». Sur sa face interne, le péricarpe est souvent soudé à une couche cellulaire appelée testa qui correspond au tégument de la graine (Turner, 2013). Pour certains grains, comme le sorgho, cette testa est parfois fortement pigmentée et contient des tannins. Lors de la transformation des grains, les enveloppes, qui représentent environ 8 % du grain, donnent le son, substance riche en fibres, en minéraux, en vitamines et en protéines.

Par opposition aux céréales dites « nues » comme le mil, le sorgho, le maïs ou le blé, certaines céréales, telles que le riz ou le fonio, sont dites « vêtues » car elles possèdent encore certaines enveloppes externes provenant de la fleur. Ces enveloppes, appelées balles, sont constituées des glumelles et des glumes et ne sont pas intimement liées au grain comme peut l'être le péricarpe, mais elles améliorent sa protection comme dans le cas du riz paddy (voir cahier couleur photos 2 et 3).

L'albumen

L'albumen est l'amande des céréales et représente 75 à 90 % des grains. Comme principal tissu de réserve, il est essentiellement constitué de granules d'amidons enchâssés dans un réseau protéique plus ou moins dense. La première couche cellulaire de l'albumen est l'assise protéique ou couche à aleurone, riche en protéines, en lipides et en minéraux. Certaines céréales, comme le maïs et le sorgho, possèdent un albumen vitreux et un albumen farineux. L'albumen vitreux est constitué de granules d'amidon noyés dans une matrice protéique pour former une structure dense et compacte (figure 2.1). Dans l'albumen farineux, les granules d'amidon sont beaucoup plus libres et reliés par un mince réseau protéique discontinu.

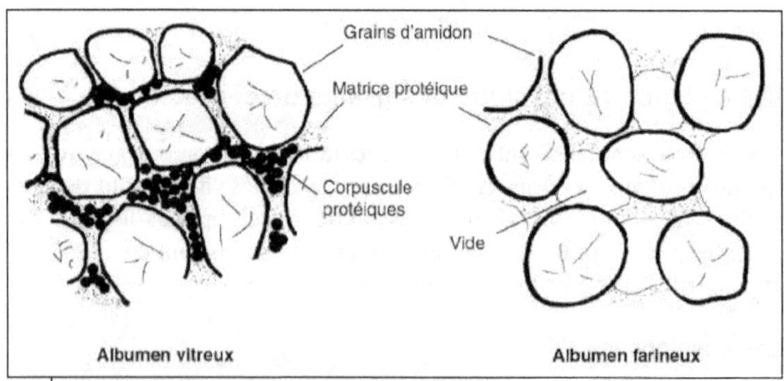

Figure 2.1.
Schéma de cellules de l'albumen (Cruz *et al.*, 2016).

L'albumen du blé tendre est généralement farineux alors que celui du riz est essentiellement vitreux. L'albumen farineux apparaît opaque à la lumière en raison de la présence de vides d'air tandis que l'albumen vitreux est translucide. Lors de la transformation, les albumens farineux produisent des farines et les albumens vitreux donnent des semoules. Cependant, certaines variétés de blé tendre comme les blés « de force » peuvent être vitreuses et leur mouture en farine granuleuse demande alors plus de force mécanique (Chasseray, 1991). Par ailleurs, certains cherchent aujourd'hui à produire des farines de blé dur avec une granulométrie inférieure à 200 microns pour pouvoir les utiliser en boulangerie, viennoiserie ou biscuiterie (Abecassis, 2015).

Le germe

Le germe des céréales est formé de la plantule et d'un seul cotylédon (plante monocotylédone). La plantule est une véritable plante miniature et le cotylédon appelé scutellum est un organe, riche en protéines, en lipides, en protéines, en minéraux et en vitamines, qui permet à la jeune plantule de puiser les réserves de l'albumen pour se développer. L'importance relative du germe par rapport au grain varie suivant les céréales. Les germes du blé et du riz sont petits alors que ceux du sorgho, du maïs ou du mil sont très gros (figure 2.2). La proportion relative des différentes parties du grain pour plusieurs céréales est donnée dans le tableau 2.1 ci-dessous (Miche, 1980; FAO 1995).

Tableau 2.1. Comparaison des parties structurantes de plusieurs céréales (en % du grain entier).

Céréales	Germe	Albumen	Enveloppes
Mil	17	75	8
Maïs	11	83	6
Sorgho	10	82	8
Riz cargo	4	90	6
Blé	3	82	15

Une fois éliminé, le germe constitue une autre partie du son. En raison de leur grande richesse en lipides et notamment en acides gras insaturés, les germes sont parfois récupérés et pressés pour en extraire de l'huile utilisée en alimentation (huile de germe de maïs) ou en industrie pharmaceutique ou cosmétique.

Les grains de légumineuses, comme le niébé (voir cahier couleur photo 4), le haricot, le soja, l'arachide, ne sont pas des fruits mais de véritables graines contenues à l'intérieur d'une gousse qui, elle, constitue le fruit. Chez beaucoup de légumineuses (niébé, haricot, soja), l'albumen est digéré par les deux cotylédons qui deviennent alors l'organe de réserve. Ces graines sans albumen sont dites « exalbuminées » (figure 2.3).

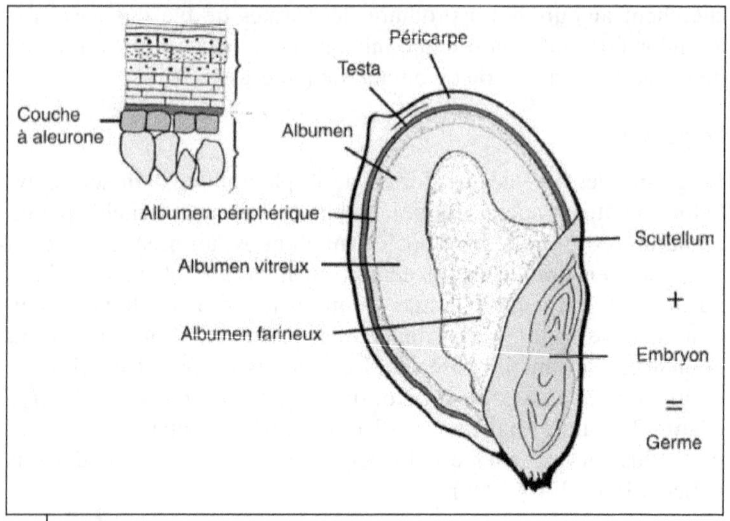

Figure. 2.2.
Grain de sorgho (d'après Miche, 1980).

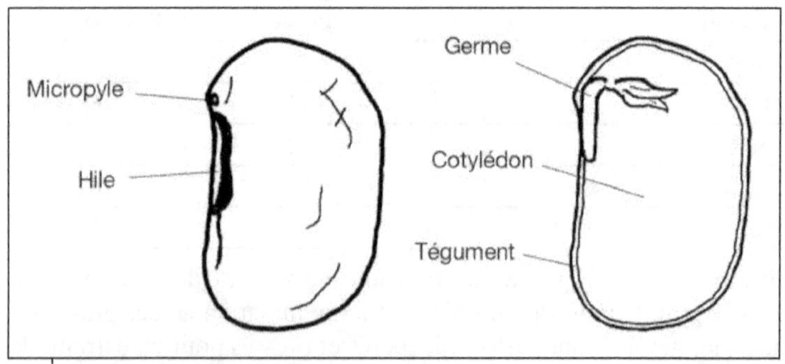

Figure 2.3.
Grain de niébé (© Jean-François Cruz, Cirad).

La composition biochimique des grains

Les grains sont constitués de matière sèche et d'eau.

La matière sèche

Les glucides

Les glucides sont les composants majoritaires et représentent 75 à 85 % de la matière sèche (tableau 2.2). Ils sont présents principalement dans l'albumen des céréales et dans les cotylédons des légumineuses sous la forme de granules d'amidon polyédriques, sphériques ou réniformes dont la taille varie de 2 à 5 microns (riz) à plus de 40 microns (certaines légumineuses). L'amidon est un polymère du glucose (sucre simple) dont la forme principale est l'amylopectine, composée de nombreuses chaînes ramifiées, alors que l'amylose est formée d'une chaîne continue de glucose. L'amylose représente en général 18 à 28 % de l'amidon des céréales et plus de 30 % de l'amidon des légumineuses. Certaines variétés de céréales ne contiennent pas d'amylose comme c'est le cas des riz gluants ou des maïs cireux dits *waxy*. Les glucides sont également présents sous la forme de fibres, non digestibles sauf par les herbivores, et de sucres simples (saccharose, glucose) en faibles quantités. Les glucides jouent un rôle essentiel dans l'alimentation humaine ou animale comme aliment énergétique.

Tableau 2.2. Composition biochimique succincte de diverses céréales (grains nus) (source : Fliedel *et al.,* 2004).

Céréales	Glucides (% MS)	Lipides (% MS)	Protides (% MS)	Matières minérales (% MS)
Blé	75	2,0	12,5	1,7
Maïs	83	4,5	11,0	1,3
Mil	83	4,0	12,0	1,2
Sorgho	84	3,5	11,0	1,2
Fonio décortiqué	85	3,5	10,0	1,1
Riz cargo	86	2,5	10,0	1,4

Les lipides

Les lipides appelés couramment matières grasses sont principalement concentrés dans le germe des céréales mais ils ne représentent que 3 à 4 % de la matière sèche (tableau 2.2). Dans les graines d'oléagineux et d'oléo-protéagineux, les lipides sont présents en quantité élevée (50 % pour l'arachide, 20 % pour le soja) et localisés surtout dans l'albumen.

Les protides et les protéines

Les protides sont des composés azotés simples (acides aminés) ou formés de l'association plus ou moins complexe des acides aminés (protéines et peptides). Les céréales sont relativement pauvres en protéines (environ 10 %) alors que les légumineuses sont plus riches (plus de 20 %). Par ailleurs, les céréales sont pauvres en certains acides aminés comme la lysine alors que les légumineuses sont déficientes en acides aminés soufrés. Pour équilibrer l'apport nutritionnel, il est fréquent d'associer une céréale et une légumineuse dans les plats traditionnels de nombreux pays du Sud où le régime alimentaire fait largement appel aux protéines végétales : maïs et haricot en Amérique latine, riz et soja en Asie, blé et pois chiches en Afrique du Nord, etc.

Les vitamines

Les vitamines sont des composés chimiques complexes, essentiels à l'homme et aux animaux. Les vitamines B des céréales sont surtout concentrées dans le péricarpe et le germe à des teneurs très faibles et sont généralement éliminées lors du décorticage des grains. Certaines vitamines sont également très sensibles aux traitements thermiques.

Les matières minérales

Les matières minérales sont contenues dans les grains en faibles quantités (1 à 4 %). Les macroéléments (phosphore, potassium, magnésium, soufre, ...) et les oligo-éléments (sodium, fer, zinc, manganèse, cuivre) sont, pour la plupart, concentrés dans les couches périphériques du grain, et sont, en grande partie, éliminés lors du décorticage.

L'eau

L'eau est toujours présente dans les grains à une teneur plus ou moins élevée selon le degré de séchage qu'ils ont subi. Elle est associée aux grains sous différentes formes (figure 2.4 ; Lasseran, 1977) :

– l'eau de constitution très fortement liée aux molécules (teneur entre 0 et 5 %) ;

– l'eau plus ou moins adsorbée qui devient solvante au-delà d'un certain seuil (point critique à 13 %) et joue alors un rôle biologique important en favorisant les réactions du métabolisme et les attaques des moisissures (teneur entre 5 % et 27 %) ;

– l'eau d'imprégnation ou eau libre aux très fortes humidités (teneur supérieure à 27 %).

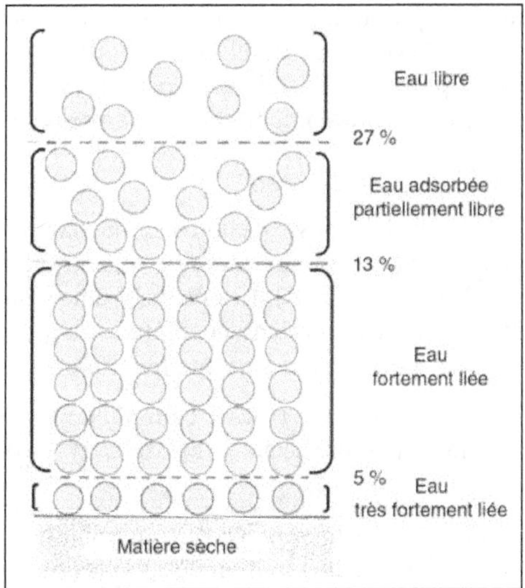

Figure 2.4.
Schéma de fixation de l'eau dans un grain de céréale (d'après Lasseran, 1977).

Les facteurs d'altération des grains

Les propriétés physiques des grains et leurs principaux facteurs d'altération physiques et biologiques sont largement décrits dans l'ouvrage « La conservation des grains après récolte » (Cruz *et al.*, 2016).

Propriétés physiques des grains

Les grains en masse constituent un matériau poreux, de faible conductibilité thermique et hygroscopique. Ils se comportent donc comme un matériau isolant capable d'échanger de l'eau, sous forme vapeur, avec le milieu environnant jusqu'à un état d'équilibre appelé équilibre hygroscopique.

Les facteurs physiques d'altération des grains

Les deux principaux facteurs physiques d'altération des grains sont la température et l'humidité.

La température

La température joue un rôle important dans la conservation des grains car elle favorise leur dégradation par respiration. Une augmentation de température de 5 °C double l'intensité respiratoire. La température influence également la vitesse de développement des microorganismes et des insectes. L'optimum des activités biologiques se situe souvent vers 30 °C, température couramment observée en régions tropicales.

L'humidité

La teneur en eau exprime la masse d'eau contenue dans un échantillon de grains soit par rapport à la masse humide totale, soit par rapport à la masse de matière sèche (Mms). Les professionnels du stockage et de la transformation font généralement référence à la masse humide (« base humide », b.h.) et utilisent le terme humidité.

Humidité H % (base humide) = (Masse eau / Masse totale) × 100
= (Masse eau / (Masse matière sèche + Masse eau) × 100

L'humidité de sauvegarde est l'humidité en dessous de laquelle le développement des microorganismes et l'activité enzymatique sont arrêtés. Au-delà, il est admis que la dégradation des grains double chaque fois que l'humidité augmente de 1,5 %.

Les facteurs température et humidité sont étroitement liés car plus la température est élevée, plus l'humidité du produit doit être faible pour assurer une bonne conservation. C'est pourquoi les humidités de sauvegarde recommandées pour le stockage dans les régions chaudes sont toujours inférieures à celles retenues dans les régions tempérées ou froides.

Le tableau 2.3 donne les humidités de sauvegarde de différents grains à des températures de 20 à 25 °C.

Tableau 2.3. Humidité maximale pour un stockage en régions chaudes.

Produit	Humidité (H %)	Produit	Humidité (H %)
Riz paddy	13	Haricot	13 - 14
Maïs	13	Niébé	13 - 14
Mil	15	Soja	10 - 11
Sorgho	12,5 - 13	Arachide	7
Fonio	11	Café	13
Blé	13	Cacao	7

L'humidité est le facteur de détérioration le plus important. Les grains trop humides sont le siège d'échauffements et de développements de moisissures pouvant aboutir à leur totale dégradation.

Un diagramme de conservation des grains donne les différents types d'altération possibles, en fonction de la température et de l'humidité (figure 2.5).

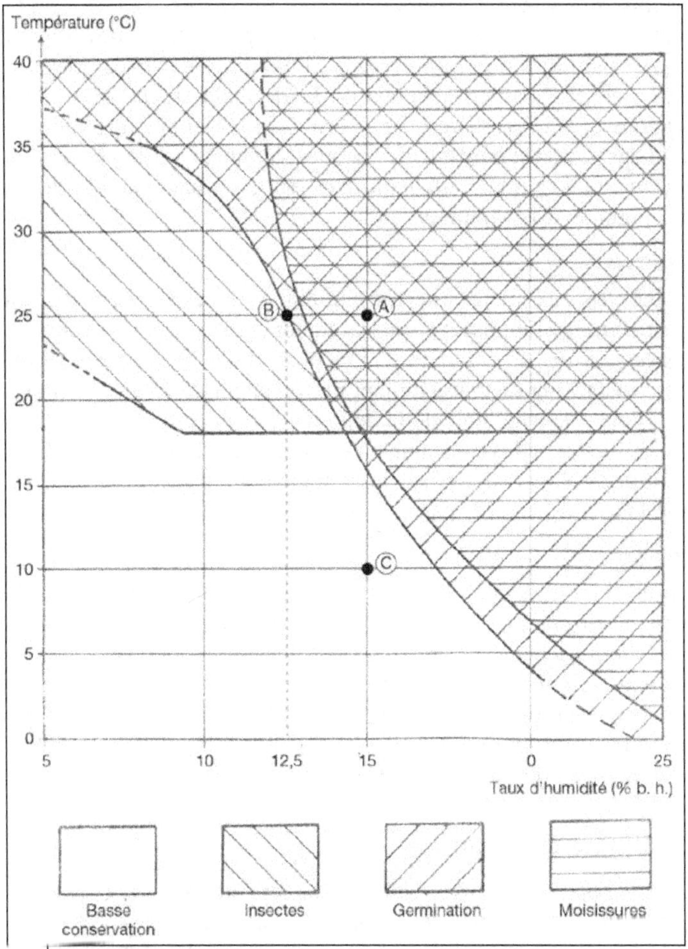

Figure 2.5.

Diagramme de conservation des grains (Burgess et Burrel, 1964).

Le diagramme permet de vérifier que du grain stocké à une humidité de 15 % et à une température de 25 °C (point A) présente des risques de développement de moisissures. À cette même température mais à une humidité de 12,5 %, il est seulement exposé aux attaques d'insectes (point B). On note également que du grain à 15 % d'humidité se conserve parfaitement s'il est stocké à 10 °C (point C) mais des températures aussi basses sont rarement présentes en zones tropicales.

Les agents biologiques d'altération des grains

Les moisissures

Les moisissures sont toujours présentes sur la surface des grains, notamment sous la forme de spores qui peuvent se développer dès que l'humidité du grain dépasse l'humidité de sauvegarde. Les espèces les plus caractéristiques de la flore de stockage sont les *Aspergillus* et les *Penicillium*. Leur prolifération altère fortement la qualité des grains et entraîne des risques sanitaires par la production de mycotoxines (dont les aflatoxines) qui sont des substances toxiques pour l'homme et les animaux.

Les insectes

Dans les pays du Sud, les insectes sont d'importants déprédateurs des stocks de grains. Les insectes qui s'attaquent aux céréales au cours du stockage sont des coléoptères de très petite taille (charançons, bostryches, bruches) et certains lépidoptères ou papillons (alucite, pyrales, mites), dont l'activité biologique déprécie la denrée et dont les larves sont nuisibles car elles consomment l'intérieur des grains. Le développement de la plupart des espèces se situe à des températures de 15 °C à 35 °C (Fleurat Lessard, 1982).

Les rongeurs

Les principaux rongeurs déprédateurs des stocks de céréales sont le rat gris ou surmulot (*Rattus norvegicus*), le rat noir (*Rattus rattus*) et la souris (*Mus musculus*). Ces rongeurs, qui vivent pratiquement sous tous les climats, se nourrissent aux dépens des hommes et sont à l'origine de pertes importantes dans les greniers et les magasins de stockage. En Afrique subsaharienne, ce sont les rats à mamelles multiples (*Mastomys* spp.) qui prédominent dans les villages.

La qualité des grains

La qualité comprend l'ensemble des caractéristiques et des propriétés d'un produit qui lui confère l'aptitude à satisfaire des exigences spécifiées. Dans le commerce des céréales, il est fréquent d'aborder la qualité par la notion de grain « sain, loyal et marchand » c'est-à-dire la qualité d'un produit exempt de tout défaut ou vice caché, susceptible de porter atteinte à la santé, à la sécurité ou aux intérêts du commerçant, du transformateur ou du consommateur. Cette qualité réglementaire doit permettre d'éviter la mise sur le marché de produits inaptes à la consommation humaine ou animale (Feillet, 2000).

La qualité des grains comprend plusieurs aspects dont la qualité technologique et la qualité alimentaire. Chaque acteur d'une filière a sa propre définition de la qualité et pour certains, la qualité agronomique est également un aspect important mais qui n'est pas abordé dans cet ouvrage.

La qualité technologique représente l'aptitude de la matière première à être mise en œuvre dans les industries de transformation (Multon, 1982). Le meunier a des exigences différentes de celles du rizier ou du brasseur et chaque industrie a ainsi élaboré des critères d'aptitudes technologiques spécifiques. Les exigences technologiques peuvent varier d'un pays à l'autre mais, en général, le meunier s'intéresse au taux de protéines et à la force boulangère des blés tendres, le rizier au rendement d'usinage et au taux de brisures des riz alors que le brasseur vérifie le pouvoir germinatif et l'énergie germinative des orges, maïs ou sorghos.

La qualité alimentaire recouvre elle-même plusieurs volets dont la qualité sanitaire, la qualité nutritionnelle et la qualité organoleptique. La qualité sanitaire ou hygiénique garantit l'absence de produits pathogènes (microorganismes, toxines, résidus de pesticides) dans les grains et les produits dérivés (Feillet, 2000). Elle constitue un impératif absolu en alimentation humaine et animale. La qualité nutritionnelle est essentiellement liée à la valeur nutritionnelle d'un produit et donc à sa composition biochimique : teneur en amidon, fibres, lipides, protéines, richesse en vitamines, macroéléments et oligo-éléments, présence de composés anti-nutritionnels notamment chez les légumineuses. La valeur nutritionnelle dépend également des transformations subies par le produit. C'est ainsi que l'étuvage permet, par exemple, d'accroître la qualité nutritionnelle du riz en enrichissant l'amande en vitamines B. Dans les pays du Sud, la valeur nutritionnelle est primordiale, car les grains y constituent la principale ressource alimentaire (Multon, 1982). La qualité organoleptique (relative aux organes des sens) porte sur les caractéristiques d'un produit en termes d'aspect, de couleur, d'odeur, de consistance et de goût. Elle concerne davantage les produits transformés ou les aliments, mais certaines caractéristiques peuvent également permettre de sélectionner la matière première. Sur les marchés, les commerçants, les transformateurs ou les consommateurs ont souvent l'habitude de scruter, tâter et humer les grains qu'ils souhaitent acheter pour vérifier s'ils sont propres, bien secs et s'ils ont été stockés dans de bonnes conditions.

Pour espérer obtenir des produits transformés de qualité régulière, les industries de transformation des grains recherchent des matières premières homogènes et propres de manière à éviter autant que possible le mélange de variétés et la présence d'impuretés.

Le nettoyage des grains

Quels que soient les modes de récolte et de battage, les grains en vrac ou en sacs sont généralement contaminés par des impuretés. Ces divers contaminants sont de nature végétale (pailles, feuilles, gousses, graines étrangères, balles, sons), animale (insectes, fèces) ou minérale (cailloux, sable, terre, objets métalliques) et doivent être éliminés pour permettre un bon stockage ou obtenir un produit transformé de qualité. Par ailleurs, les matières minérales, généralement plus dures, entraînent une usure prématurée des machines de transformation.

Le nettoyage manuel

La technique traditionnelle de nettoyage la plus simple est le vannage qui permet d'éliminer les impuretés légères par l'action du vent. Il est généralement réalisé par les femmes qui, debout, versent à bout de bras une bassine (ou une calebasse) remplie de grains battus dans une autre bassine posée sur le sol. Durant la chute des grains, les impuretés légères (fines pailles, glumes, grains vides) sont entraînées par le courant d'air naturel et séparées des bons grains (Chantereau *et al.*, 2013). Un autre mode de vannage consiste à utiliser un panier plat tressé ou van pour secouer les grains et séparer par densité les impuretés plus lourdes. Enfin, un tamisage au moyen de plusieurs tamis de différentes tailles de mailles permet de séparer les impuretés grossières comme les cailloux ou graviers et les particules très fines comme les sables.

Le nettoyage mécanisé

Les nettoyeurs artisanaux

Les matériels artisanaux utilisés pour le nettoyage des grains sont habituellement les tarares et les cribles rotatifs à entraînement manuel ou motorisés.

Le tarare

Le tarare est un nettoyeur constitué de grilles superposées, animées d'un mouvement alternatif. La grille supérieure retient les grosses impuretés alors que la grille inférieure laisse passer les particules très fines comme les sables. Les bons grains sont récupérés entre les deux

grilles qui sont traversées par un courant d'air, généré par un ventilateur, pour éliminer les impuretés légères (figure 2.6). Le débit peut atteindre 500 kg à 1 t/h à un régime de manivelle de 60 tr/min.

Le tarare est polyvalent et fonctionne correctement même si les produits sont très sales et chargés en pailles. Il est cependant relativement fragile en raison du mouvement de va-et-vient des grilles. Certains lui préfèrent les nettoyeurs rotatifs plus robustes.

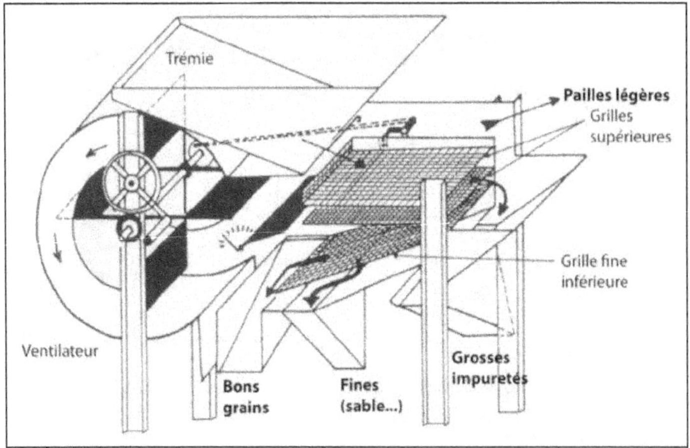

Figure 2.6.
Schéma d'un tarare (Cruz et Havard, 1994a).

Le nettoyeur rotatif ou crible

Le nettoyeur rotatif ou crible est constitué d'un ou deux cylindres perforés surmontés d'une trémie d'alimentation. Le premier cylindre à petites perforations laisse passer les impuretés très fines comme les sons, les poussières ou les sables alors que le second cylindre laisse passer les bons grains et retient les corps étrangers grossiers qui sont éliminés à l'extrémité de la machine (figure 2.7). L'axe de l'équipement est légèrement incliné pour permettre une progression naturelle du produit lors du fonctionnement. Il est entraîné en rotation par une manivelle ou un petit moteur. Les bons grains et les diverses impuretés sont récupérés dans des récipients posés au sol sous la machine.

Pour une vitesse moyenne de 45 tr/min en version manuelle ou motorisée, le débit peut atteindre 300 à 500 kg/h pour le nettoyage des grains courant et 200 à 300 kg/h pour le nettoyage des très petits grains comme le fonio (voir cahier couleur photo 5).

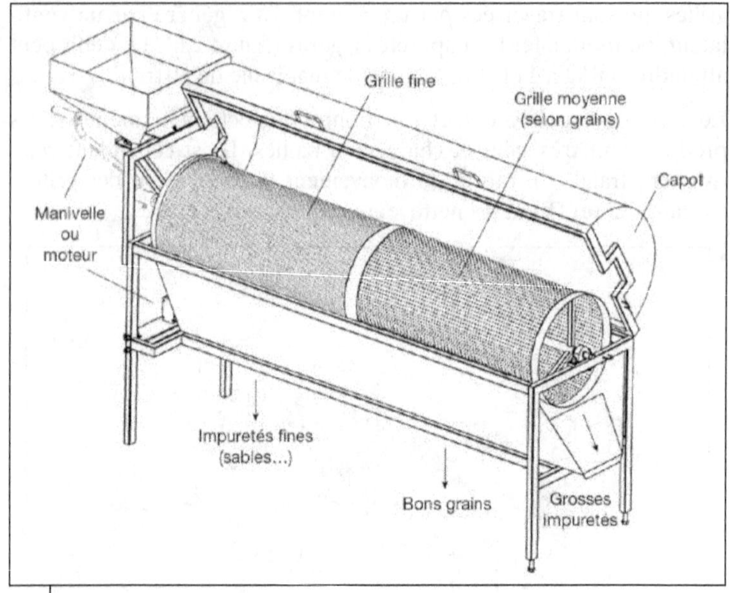

Figure 2.7.
Schéma du nettoyeur rotatif (d'après Claude Marouzé, 2005a).

Le canal de vannage

Un matériel de nettoyage particulier a été conçu par le Cirad en collaboration avec l'IER (Institut d'Économie rurale) au Mali. Il s'agit d'un canal de vannage constitué d'une tuyère verticale, avec flux d'air ascendant, dans laquelle le produit sale à nettoyer est introduit à mi-hauteur (figure 2.8). Les particules légères sont aspirées par le flux d'air et récupérées au niveau du cyclone. Les grains et les particules plus lourdes tombent dans la partie inférieure du canal (pour plus de détails voir Cruz *et al.*, 2011).

Le canal de vannage est un équipement polyvalent qui peut être utilisé pour le vannage de différents grains comme les céréales, les légumineuses ou les oléagineux (voir cahier couleur photo 6). Les débits observés sont de 300 à 600 kg/h avec des grains courants et 130 kg/h à 150 kg/h avec du fonio (Marouzé *et al.*, 2005b).

Dans les pays en développement, on a longtemps négligé la mécanisation du nettoyage étant donné l'absence fréquente de normes de qualité dans le commerce des grains. Aujourd'hui, les différents acteurs des filières de transformation des grains sont davantage sensibilisés

aux impératifs de qualité et à la nécessité de s'équiper en matériels de nettoyage. Il convient d'encourager la fabrication locale et la diffusion de matériels simples aisément transportables tels que le tarare, le crible ou le canal de vannage.

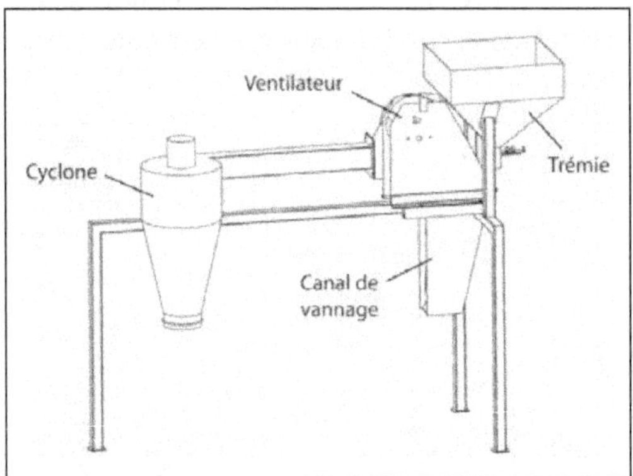

Figure 2.8.
Schéma du canal de vannage (© Patrice Thaunay).

Les nettoyeurs industriels

Au niveau des centres de stockage et des industries de transformation, le nettoyage est réalisé par des équipements de type industriel qui sont généralement placés dans la tour de manutention et alimentés en dérivation du circuit des grains.

Le pré-nettoyeur circulaire

Dans cet équipement, les grains à nettoyer tombent sur un cône de répartition pour favoriser l'élimination des impuretés légères (balles, pailles, poussières) et de quelques fines brisures par un courant d'air (figure 2.9). Le débit peut atteindre 10 t/h pour une puissance requise relativement faible et voisine de 1 kW.

Le nettoyeur rotatif

Le nettoyeur rotatif industriel est plus sophistiqué que le crible artisanal car le nettoyage des grains est effectué à deux niveaux. Tout d'abord, à l'entrée des grains dans la machine, un ventilateur permet d'éliminer les particules légères puis les grains tombent dans un crible rotatif incliné, généralement formé de trois cylindres qui séparent les différents éléments selon leur taille (figure 2.10). Le premier cylindre

à mailles fines permet de récupérer les impuretés fines comme les sables, le deuxième cylindre peut permettre de récupérer les brisures, le troisième cylindre récupère le bon grain, tandis que les impuretés grossières sont évacuées en bout de crible. Différentes combinaisons sont possibles selon le choix des perforations de grilles. Selon le nombre et le diamètre des cylindres, les débits de nettoyage varient de 5 t/h à plusieurs dizaines de tonnes à l'heure.

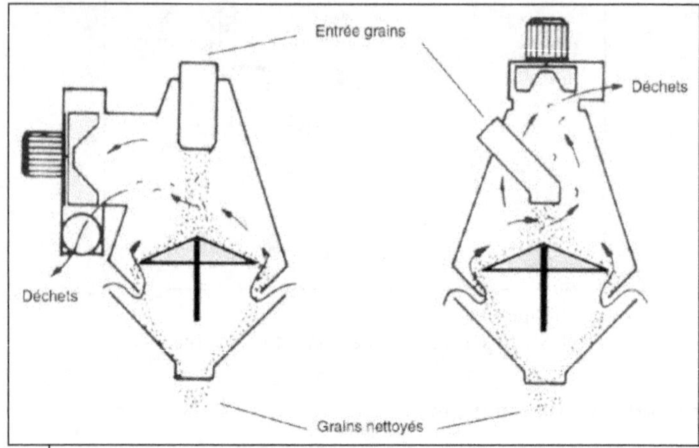

Figure 2.9.
Schéma de pré-nettoyeurs circulaires (d'après CEEMAT).

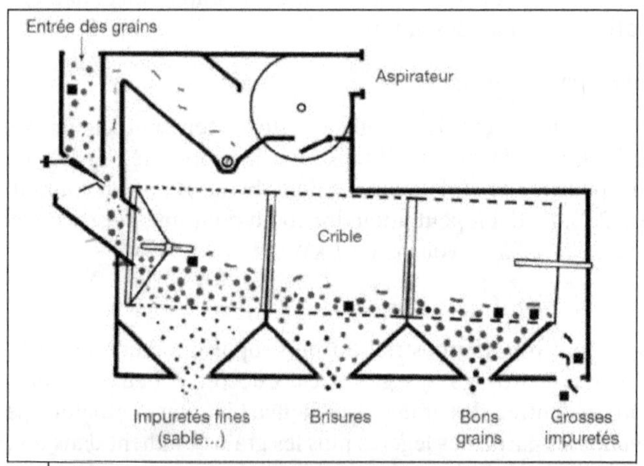

Figure 2.10.
Schéma de nettoyeur rotatif (d'après document Marot).

Le nettoyeur-séparateur

Le nettoyeur-séparateur est l'équipement le plus fréquemment utilisé pour le nettoyage des grains dans les grands centres de stockage et les industries de transformation. Comme le tarare, il est schématiquement constitué de deux grilles planes animées d'un mouvement alternatif et traversées par un courant d'air (figure 2.11). Les grains sont introduits dans une trémie d'alimentation pour être distribués en nappe régulière sur toute la largeur de l'appareil. Dès la sortie de la trémie d'alimentation, une première aspiration entraîne les impuretés légères. La grille supérieure ou tamis émotteur retient les grosses impuretés alors que la grille inférieure (ou tamis cribleur) laisse passer les impuretés fines et lourdes comme les sables ou les fines brisures. Un dispositif de dégommage (boules caoutchouc, brosses) est prévu pour débarrasser les grilles des particules qui restent prisonnières dans les perforations. Les bons grains sont toujours récupérés entre les deux grilles. À la sortie des grains propres, une seconde aspiration élimine les fines impuretés légères restantes.

Le choix des tailles de perforation des grilles est fonction du type de grains à nettoyer. Les débits des nettoyeurs-séparateurs industriels sont couramment de 5 à 25 t/h. Des débits supérieurs permettant d'atteindre plusieurs dizaines de tonnes à l'heure sont obtenus avec des nettoyeurs équipés de deux caissons de grilles en parallèle.

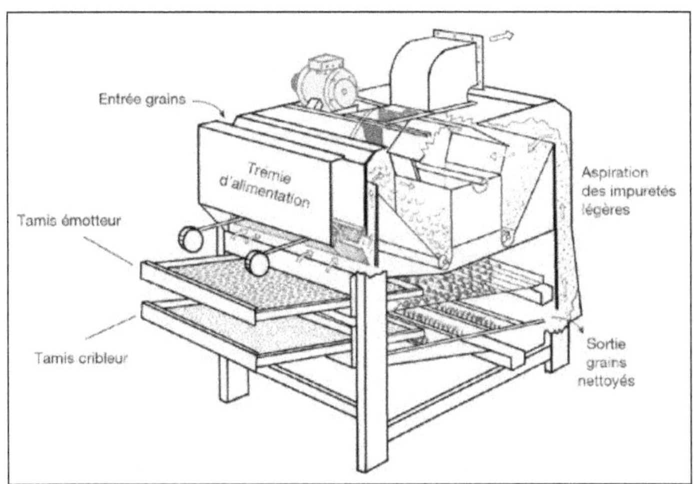

Figure 2.11.
Schéma du nettoyeur-séparateur (d'après document Dupuis).

Le séchage des grains

Le séchage des grains est nécessaire pour éviter les risques d'altération par les microorganismes au cours du stockage (figure 2.5). Pour assurer une bonne conservation, les grains ne doivent pas être stockés à une humidité supérieure à l'humidité de sauvegarde (tableau 2.3). Dans des conditions tropicales caractérisées par des températures supérieures à 25 °C, les grains doivent être davantage séchés que dans les régions froides ou tempérées.

Les techniques de séchage des grains sont décrites en détail dans l'ouvrage « La conservation des grains après récolte » (Cruz *et al.*, 2016).

Le séchage naturel

Après une récolte généralement manuelle, les épis ou les panicules de céréales et les gousses de légumineuses sont souvent transportés près des habitations pour être séchés au soleil sur des aires naturelles ou aménagées. Dans les zones humides, certaines structures, comme le crib, sont utilisées pour améliorer le séchage naturel des épis de maïs (figure 2.12). Dans les zones sèches comme les régions

Figure 2.12.
Crib amélioré avec des cônes anti-rat (d'après Cruz et Allal, 1986).

soudano-sahéliennes, le séchage naturel ne présente pas de difficultés particulières car la récolte a généralement lieu en début de saison sèche. Après battage ou égrenage, le séchage naturel des grains peut néanmoins être amélioré en réalisant des aires de séchage en terre battue ou cimentées (voir cahier couleur photo 7) ou encore des claies ou des nattes sur lesquelles les grains seront étalés en couche mince.

Ces techniques simples sont bien adaptées aux agricultures familiales qui gèrent des quantités de grains relativement faibles. Dans le cas des agricultures mécanisées qui produisent des quantités importantes de grains, souvent plus humides en raison de récoltes précoces, il est nécessaire de recourir au séchage artificiel.

Le séchage artificiel

Les séchoirs statiques

Les séchoirs statiques sont des séchoirs à cases où les grains sont séchés par lots successifs. De conception simple et faciles à réaliser, ils sont construits en métal, en bois, en briques ou en parpaings avec un fond, horizontal ou incliné, en tôle perforée (figure 2.13). Le générateur d'air chaud fonctionne le plus souvent au fioul.

Les séchoirs à case sont utilisés avec des températures d'air chaud de 40 à 50 °C et à des débits spécifiques d'environ 2000 $m^3/h/m^3$ de grains. Les capacités de ces séchoirs sont de 1 à 4 t/j avec des temps de séchage de 6 à 12 h selon l'humidité initiale du produit. Pour diminuer l'hétérogénéité de séchage dans la masse de grains, il est souvent recommandé

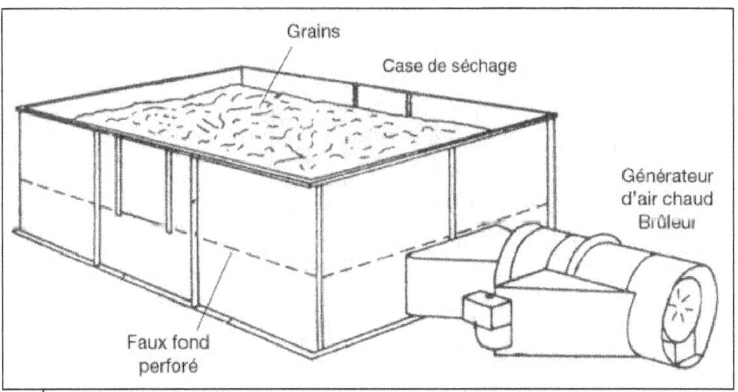

Figure 2.13.
Séchoir à case (Cruz *et al.*, 1988).

de limiter l'épaisseur de la couche de grains à un maximum de 50 cm. La consommation thermique spécifique de tels séchoirs est importante (6 000 à 8 000 kJ/kg d'eau évaporée).

Les séchoirs continus

Les séchoirs continus sont les séchoirs les plus utilisés par les grands producteurs et les organismes stockeurs.

Dans ces séchoirs verticaux, la masse des grains humides arrive en partie supérieure du séchoir puis descend lentement dans le séchoir où elle est traversée par un courant d'air chaud. Les températures de l'air de séchage sont variables selon les grains à sécher. Pour le maïs,

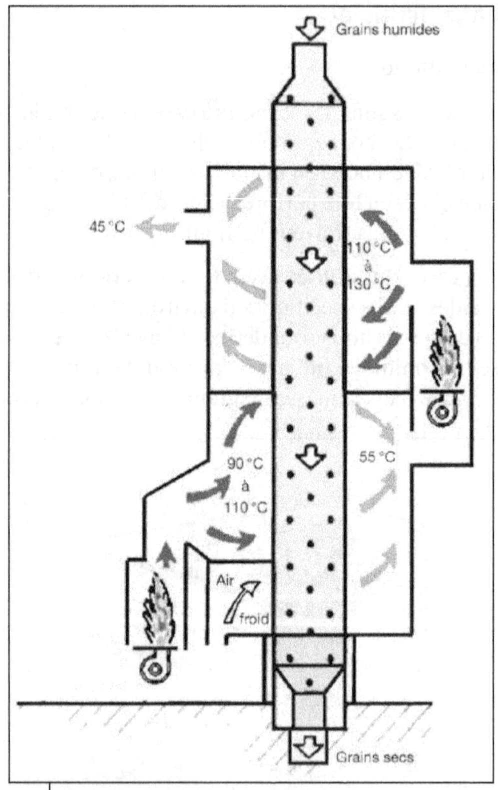

Figure 2.14.
Schéma d'un séchoir continu économiseur (d'après Arvalis, 2003).

l'air chaud est généralement à environ 120 °C pour des grains dont l'humidité est supérieure à 35 %. Pour les protéagineux, la température est limitée à 90 °C, pour le sorgho à 65 °C, pour le tournesol à 60 °C et pour le riz paddy à 45 °C, afin de diminuer les risques de clivage des grains et de brisures. Pour les semences ou les céréales brassicoles, on limite la température de séchage à 40 °C pour ne pas altérer leur faculté germinative. En partie inférieure du séchoir, la masse de grains séchés est traversée par de l'air froid pour redescendre la température des grains à une valeur proche de la température ambiante.

Dans les séchoirs continus, les couches de grains ne font qu'une vingtaine de centimètres et les débits spécifiques sont voisins de 2 000 m^3/h/m^3 de grains. La consommation thermique spécifique est meilleure que celle des séchoirs statiques puisqu'elle n'est plus que de 4 000 à 5 000 kJ/kg d'eau évaporée. Certains séchoirs dits « économiseurs » avec deux générateurs d'air chaud et un recyclage de l'air usé du module inférieur permettent d'abaisser cette consommation à 3 500 kJ/kg d'eau évaporée (figure 2.14).

Le stockage des grains

Le stockage des grains est essentiel car il permet de conserver les semences et de constituer des réserves en vue d'une transformation ultérieure pour l'alimentation humaine ou animale. En agriculture familiale traditionnelle et en agriculture mécanisée moderne, les principes de base de la conservation des grains restent identiques même si les techniques de stockage sont souvent différentes. Dans tous les cas, il s'agit de conserver des grains bien secs à une température aussi basse que possible et à l'abri des risques de réhumidification et des attaques des déprédateurs (insectes, rongeurs, oiseaux).

Différentes techniques de stockage des grains sont décrites en détail dans l'ouvrage « La conservation des grains après récolte » (Cruz *et al.*, 2016).

Le stockage villageois

Dans la plupart des pays du Sud, les récoltes sont généralement conservées au village dans des greniers individuels dont l'architecture est souvent spécifique d'un groupe de population agricole.

Les structures traditionnelles de stockage varient selon les zones climatiques et les populations, mais elles sont toutes construites avec les matériaux disponibles localement comme la terre, la pierre, les fibres végétales et le bois. Traditionnellement autrefois et dans quelques rares cas actuellement, les grains sont stockés dans des petites fosses creusées dans le sol.

Les greniers traditionnels

Dans les zones sèches ou arides, le modèle traditionnel est le grenier en *banco* (photo 2.1). Cette structure en terre stabilisée est érigée sur une plateforme en rondins de bois qui repose sur de grosses pierres pour éviter les remontées d'humidité. L'ensemble est recouvert d'un toit de chaume. Les grains y sont souvent stockés en vrac. Dans les zones plus humides, on rencontre davantage de greniers constitués de fibres végétales tressées et réunies en une sorte de grand panier posé sur une plateforme de rondins de bois (photo 2.2). Ces greniers sont dits aérés car leurs parois tressées facilitent la circulation de l'air et permettent de finaliser le séchage des produits qui y sont généralement stockés en épis.

Photo 2.1.
Grenier en *banco*
(© Jean-François Cruz, Cirad).

Photo 2.2.
Grenier en fibres végétales
(© Thierry Ferré, Cirad).

L'amélioration des structures de stockage villageoises

Les projets d'amélioration des structures de stockage villageoises doivent être conçus avec prudence et modestie car les greniers traditionnels, élaborés au cours des siècles, sont généralement bien adaptés aux conditions climatiques locales et leur construction bien maîtrisée par les agriculteurs. Aujourd'hui, les paysans sont néanmoins confrontés à une pénurie de matériaux végétaux (bois, pailles) pour construire les greniers traditionnels et ils ont de plus en plus recours au stockage des grains en sacs à l'intérieur même des habitations ou dans des petits entrepôts villageois. L'introduction de structures nouvelles est parfois proposée par certains programmes de développement.

Pour les greniers aérés, les améliorations doivent favoriser l'aération des épis et mieux protéger les stocks contre les attaques des rongeurs. Dans les régions humides où les épis de maïs sont récoltés dès la maturité des grains, la diffusion du crib amélioré (figure 2.12) est à recommander car il constitue à la fois une structure de séchage et une structure de stockage.

Pour les greniers fermés, les petites cellules métalliques représentent une amélioration certaine des structures de stockage. Les fûts métalliques de 200 litres utilisés pour le commerce de produits pétroliers sont parfois réutilisés, après nettoyage, en récipients pour le stockage des grains (figure 2.15). En Afrique, dans les années 1970, l'Institut de Recherches agronomiques tropicales (Irat devenu Cirad) a expérimenté des petits silos métalliques de 2 à 3 tonnes de capacité à la station expérimentale de Niaouli au Bénin. Mais cette technologie, qui offre une bonne protection contre les attaques des déprédateurs, ne s'est pas diffusée en Afrique alors que parallèlement elle a connu un grand succès en Amérique centrale ou en Amérique du Sud sous le nom de cellule Guatemala. Au cours des dernières années, les projets de la FAO ont diffusé plusieurs milliers de petits silos métalliques familiaux, d'une capacité de 300 kg à 3 000 kg, dans de nombreux pays d'Amérique du Sud, d'Afrique ou d'Asie (figure 2.16). Le coût de production d'un silo métallique de 1 t de capacité serait inférieur à 100 €, pour une durée de vie estimée à une quinzaine d'années.

Les fûts ou bidons en plastique de polyéthylène haute densité sont des structures adaptées au stockage des grains en petites quantités. Les fermetures par vis garantissent une bonne étanchéité pour obtenir une atmosphère confinée et assurer une lutte physique efficace contre les insectes. Un fût de 68 litres (50 kg de grains) coûte environ 50 € et a une durée de vie supérieure à dix ans s'il est correctement entreposé.

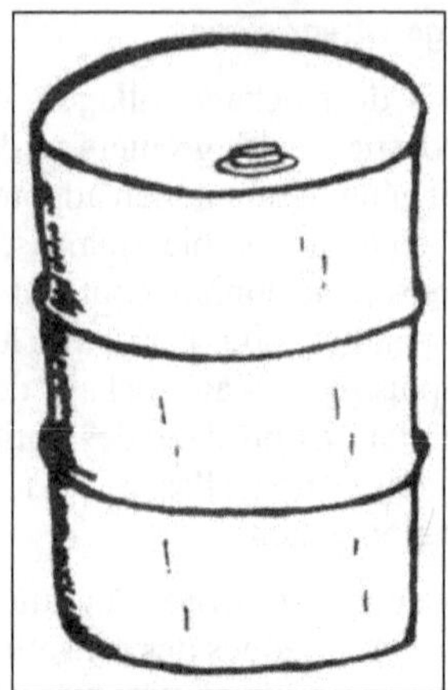

Figure 2.15.
Fût métallique
(© Jean-François Cruz, Cirad).

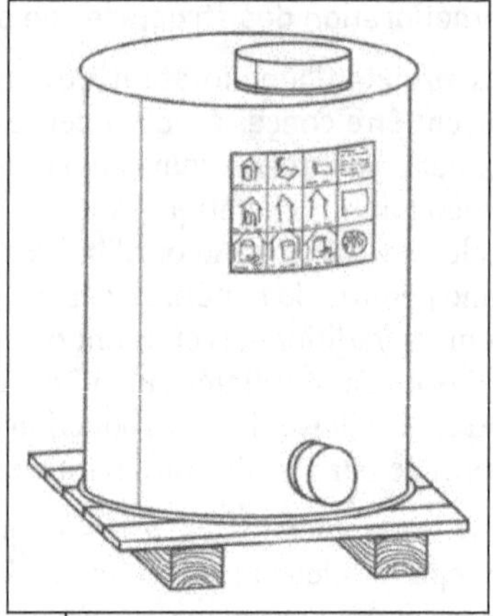

Figure 2.16.
Cellule métallique FAO
(d'après FAO, 2005).

Le stockage en sacs

Le stockage en sacs est fréquemment utilisé comme mode de stockage des grains dans de nombreux pays du Sud où le sac reste l'unité de base du commerce céréalier. Pour permettre une bonne conservation des grains dans les magasins, certaines règles de base sont à respecter.

Pas d'entrée d'eau. Le bâtiment de stockage ne doit pas être construit dans une zone basse inondable mais implanté en hauteur sur un sol bien drainé. Le sol du bâtiment ne doit pas laisser remonter l'humidité par capillarité. La toiture, les ouvertures d'aération et les portes doivent être parfaitement étanches pour éviter que les sacs ne soient mouillés lors de pluies importantes.

Pas de fortes températures. La température à l'intérieur du magasin doit être maintenue la plus basse possible. En régions chaudes, on doit donc privilégier les matériaux isolants (parpaings de ciment, briques, béton de terre) plutôt que la tôle métallique. Le bâtiment doit avoir une orientation correcte, si possible est-ouest, et disposer d'un bon système d'aération naturelle.

Pas de déprédateurs. Les portes et les ouvertures d'aération doivent être suffisamment protégées pour éviter l'entrée des oiseaux, des rongeurs et des insectes. Le toit, les murs et le sol doivent être en parfait état et ne présenter aucun trou et aucune fissure pouvant permettre l'entrée de ces déprédateurs.

Pas d'obstacles à la manutention. Pour faciliter la manutention, et la gestion des stocks, il est souvent recommandé de privilégier les magasins de forme rectangulaire avec des murs intérieurs parfaitement lisses et ne présentant aucun décrochement. Il est également préférable de ne pas avoir de poteaux à l'intérieur même du magasin.

Propreté du magasin. L'état de propreté général du magasin doit être minutieusement vérifié avant la mise en place des stocks qui consiste en l'édification de piles de sacs sur des palettes. La meilleure utilisation du volume offert est naturellement obtenue en stockant les sacs en un seul tas notamment dans les petits entrepôts. Mais cela est rarement possible ni même souhaitable car il est préférable de prévoir différents lots séparés par des allées pour permettre la manutention, le contrôle et le traitement éventuel des sacs. En général, on réserve une allée de 1 m de large entre les murs et les piles de sacs et des couloirs de manutention de 2 à 3 m de large entre les différents lots (figure 2.17).

L'inspection des stocks doit être périodique pour contrôler l'état de conservation des denrées entreposées et l'état des infrastructures et des abords des magasins. De bonnes conditions de stockage sont avant tout assurées par une hygiène correcte des locaux. Lors des contrôles, des prélèvements d'échantillons et l'utilisation d'appareils portatifs (sondes, loupe, sondes thermométriques, humidimètres) permettent d'identifier l'attaque de déprédateurs (insectes, rongeurs) et l'apparition d'échauffements éventuels.

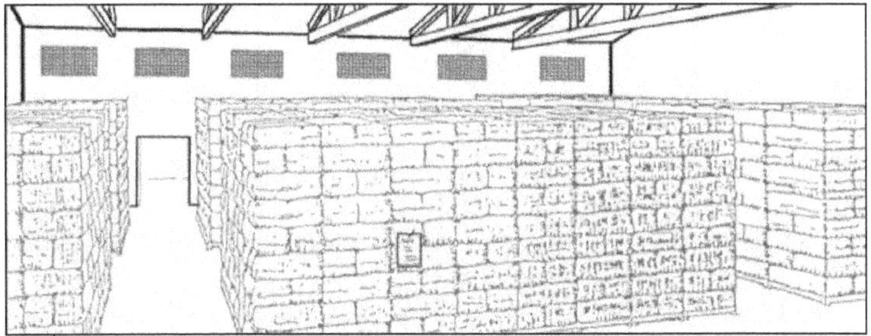

Figure 2.17.
Stockage en sacs en différents lots (Cruz *et al.*, 2016).

Le stockage en vrac

Le stockage des grains en vrac est encore assez peu répandu dans les pays du Sud. Mais l'évolution des modes de production et le développement de la mécanisation dans certains de ces pays conduisent les opérateurs de la filière à gérer de plus grandes masses de grains. Le stockage en vrac est alors le plus opérant pour maintenir la qualité de la matière première et diminuer les pertes lors de la conservation. Ce mode de stockage nécessite néanmoins un système de manutention approprié et représente un investissement important qui en limite souvent l'emploi aux grandes entreprises céréalières (coopératives, négociants) ou aux grandes industries de transformation (Chantereau *et al.*, 2013).

Les plus petites installations de stockage en vrac sont constituées de quelques cellules souvent en plaques de tôle boulonnées (type « cellules fermières ») d'une capacité unitaire de plusieurs dizaines de tonnes reliées entre elles par un système de manutention mécanique (figure 2.18). Pour prévenir d'éventuels échauffements qui pourraient

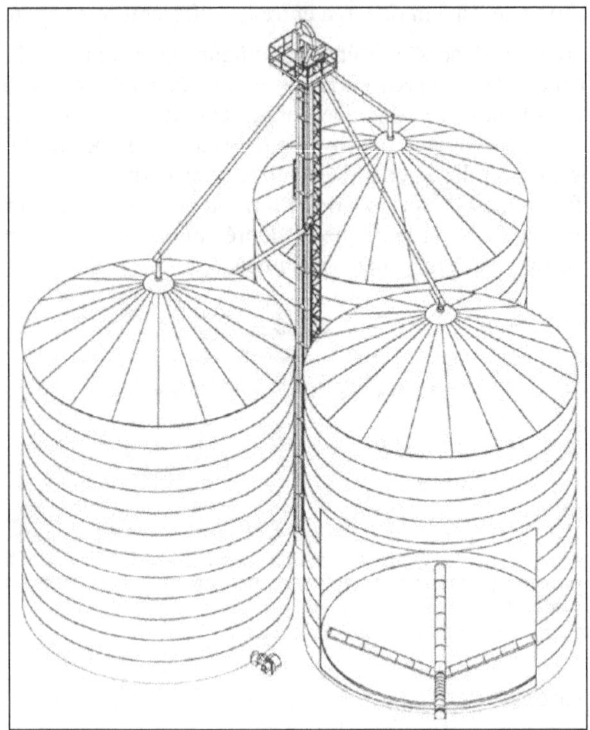

Figure 2.18.
Cellules métalliques avec système de ventilation (d'après document Denis).

apparaître dans la masse des grains, les cellules sont généralement équipées de sondes thermométriques et d'un système de ventilation permettant l'aération des grains au travers de gaines de ventilation.

Les plus grandes installations, notamment dans les zones portuaires, sont constituées, le plus souvent, de silos verticaux en béton armé. Le béton est un matériau durable, souvent disponible localement, et qui résiste bien aux atmosphères marines corrosives. Mais le stockage en silos métalliques reste la technique la plus fréquemment mise en œuvre car elle s'adapte à tous les besoins en termes de capacité de stockage pour la réalisation de petits ou de très grands centres de stockage (photo 2.3).

Photo 2.3.
Silo métallique en Côte d'Ivoire (© Francis Troude, Cirad).

ingrédient dans la masse des grains, les cellules sont généralement [illegible] de ventilation [illegible] l'aération des grains [illegible]

Les plus [illegible] installations, notamment dans les [illegible] portuaires, sont [illegible] le plus souvent [illegible] en béton armé. [illegible] Mais le stockage en silos [illegible] la plus fréquemment [illegible] (photo 2.[illegible])

[illegible]

3. Transformation du riz

Le riz constitue la nourriture de base de nombreuses populations de la planète, notamment dans la plupart des pays tropicaux et en Asie principalement, mais également en Amérique du Sud ou en Afrique. Sur le continent africain, sa culture est très répandue en système pluvial ou irrigué. La production, bien qu'en partie autoconsommée dans les campagnes, participe à la couverture des besoins en alimentation des villes dont l'approvisionnement est souvent tributaire d'importations coûteuses en devises qui déséquilibrent la balance commerciale de nombreux États.

Le riz paddy et sa transformation

La structure du grain de riz et sa composition

Le paddy ou riz paddy est le grain obtenu après battage (figure 3.1). Le caryopse est encore entouré de ses enveloppes externes que sont les glumes et les glumelles, souvent appelées balles. Il est parfois appelé riz brut ou, comme autrefois, riz en paille ou riz en balle (voir cahier couleur photo 2).

Le riz cargo ou riz brun ou riz décortiqué est le grain débarrassé de ses enveloppes externes (glumes et glumelles). Pour le commerce international, c'est sous cette forme que le riz est le plus souvent transporté par les navires, d'où son appellation. C'est un grain nu comparable à un grain de blé ou de maïs.

Le riz blanchi est l'amande du grain obtenue après élimination du germe et du péricarpe.

Les proportions en poids des différentes parties du grain sont les suivantes : balles : 20 %, péricarpe et couche à aleurone : 8 %, germe : 2 %, albumen : 70 %.

La composition des principaux constituants biochimiques du riz cargo est comparable à celle des autres céréales nues (tableau 2.2). En fonction des caractéristiques dimensionnelles des grains, on distingue différents types de riz (tableau 3.1).

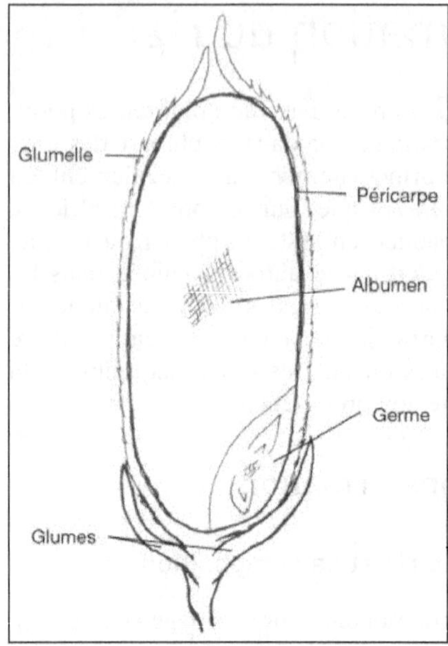

Figure 3.1.
Structure du grain de riz paddy
(© Jean-François Cruz, Cirad).

Tableau 3.1. Types de riz en fonction des dimensions des grains.

Types	Longueur	Rapport longueur/largeur
Riz rond	Inférieure ou égale à 5,2 mm	Inférieur à 2
Riz moyen	Supérieure à 5,2 mm et inférieure ou égale à 6 mm	Inférieur à 3
Riz long « A »	Supérieure à 6 mm	Supérieur à 2 et inférieur à 3
Riz long « B »	Supérieure à 6 mm	Supérieur ou égal à 3

Transformation du riz paddy

La transformation du riz consiste à « usiner » le riz paddy pour obtenir le riz blanchi. Elle comprend deux opérations successives (figure 3.2). La première opération qui permet de séparer les balles du grain est appelée décorticage. Elle est habituellement suivie du blanchiment qui consiste à éliminer le son (péricarpe et germe) pour obtenir le riz blanchi.

Certains considèrent que le terme d'usinage serait à réserver au milieu industriel et qu'il serait préférable de parler de mondage lorsque les opérations sont réalisées en milieu domestique ou artisanal (Abé, 2007). Mais le terme usinage reste le plus couramment utilisé.

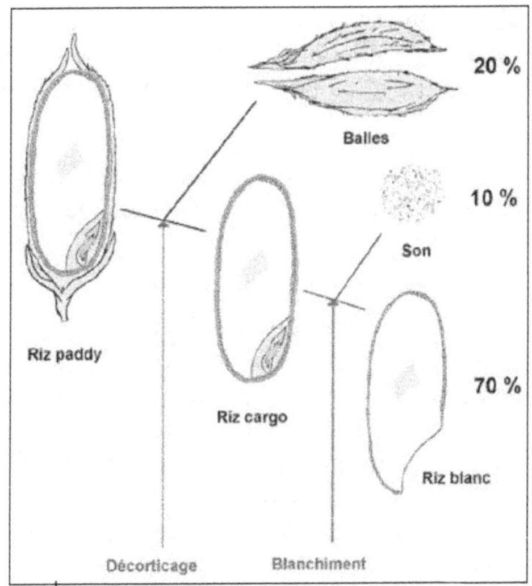

Figure 3.2.
Usinage du riz (© Jean-François Cruz, Cirad).

Qualité technologique

Le rendement à l'usinage et le taux de brisures sont les deux principales grandeurs caractérisant la qualité technologique.

Rendement d'usinage

Le rendement d'usinage (Ru) correspond au pourcentage de riz blanchi obtenu à partir d'une quantité donnée de riz paddy.

Ru = (Quantité riz blanchi / Quantité riz paddy) × 100

Le rendement de décorticage (Rd) correspond au pourcentage de riz cargo obtenu à partir d'une quantité donnée de riz paddy.

Rd = (Quantité riz cargo / Quantité riz paddy) × 100

Le rendement de blanchiment (Rb) correspond au pourcentage de riz blanchi obtenu à partir d'une quantité donnée de riz cargo.

Rb = (Quantité riz blanchi / Quantité riz cargo) × 100

Le rendement d'usinage est donc égal au produit du rendement de décorticage et du rendement de blanchiment divisé par 100.

Ru = Rd × Rb/100

Comme les balles représentent environ 20 % du grain et le son 10 %, le rendement d'usinage est potentiellement voisin de 70 % avec un rendement de décorticage de 80 % et un rendement de blanchiment de 87,5 %.

100 kg de riz paddy fournissent 70 kg de riz blanchi (entier + brisures) + 20 kg de balles + 8 kg de sons et farines + 2 kg de germes.

Brisures

Les brisures sont les portions de grain dont la taille est inférieure à 75 % du grain entier. Les très fines brisures qui passent au travers d'un tamis métallique à trous ronds de 1,4 mm de diamètre sont appelées fragments. Les brisures proviennent parfois de l'action mécanique que les machines exercent sur le grain au cours de l'usinage mais elles sont souvent générées par des fissures (phénomène de clivage) qui se forment dans les grains lors de leur développement au champ ou pendant le séchage.

Le transformateur ou « rizier » cherche toujours à obtenir un rendement d'usinage optimum avec un minimum de brisures. Il reste étroitement tributaire de la qualité de la matière première qui dépend des bonnes pratiques qui ont été mises en œuvre au cours des différentes opérations qui suivent la récolte.

La transformation artisanale du riz

Décorticage traditionnel

La transformation manuelle est encore très répandue dans les zones rurales de nombreuses régions rizicoles. En Afrique, cette opération qui est souvent réalisée par les femmes au pilon et mortier ne permet de transformer que quelques kilogrammes par heure au prix d'un travail harassant. Dans des zones rurales d'Asie, on utilise plus fréquemment des pilons à pied qui diminuent la pénibilité du travail. Ces pilons leviers peuvent être actionnés par une ou deux personnes (figure 3.4). D'autres procédés traditionnels sont également utilisés, comme des décortiqueuses manuelles constituées de bambous et d'une meule d'argile séchée (figure 3.5).

La transformation du riz paddy au pilon et mortier génère beaucoup de brisures et aboutit rarement à l'obtention d'un riz très blanc. Au niveau domestique, les ménagères effectuent surtout un décorticage ;

Encadré 3.1. Le phénomène de clivage des grains.

Lors d'un séchage rapide, la périphérie du grain perd d'abord son eau. En se rétractant, elle met le centre du grain en compression, et se retrouve alors en extension. Si l'extension est trop forte, il peut y avoir une rupture de l'albumen à partir de la surface et la formation de fissures jusqu'au cœur du grain (Kunze et Hall, 1965). C'est le phénomène de clivage des grains (figure 3.3). Ce phénomène peut également avoir lieu au champ. Des précipitations succédant à un vent sec, ou la succession de journées très ensoleillées et de nuits humides marquées par de fortes rosées matinales, portent préjudice à un bon comportement industriel du grain (Clément et Séguy, 1994).

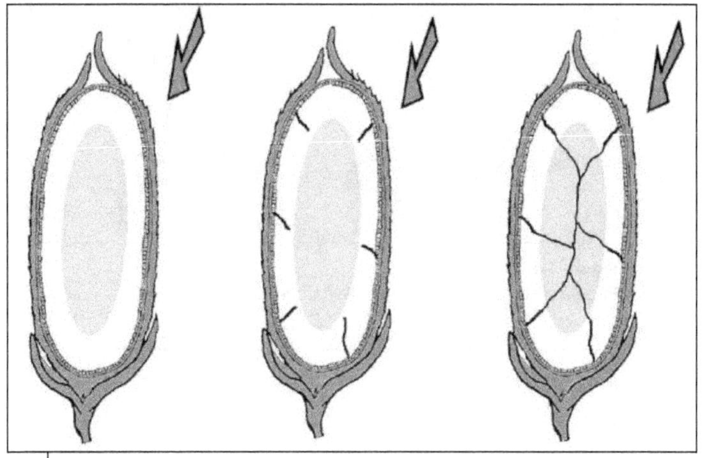

Figure 3.3.
Phénomène du clivage des grains. (© Jean-François Cruz, Cirad).

le blanchiment est peu poussé de manière à obtenir un riz semi-complet dont les qualités nutritionnelles sont supérieures à celles du riz bien blanchi.

Décorticage artisanal

On a depuis très longtemps cherché à mécaniser la technique du pilage en faisant actionner le pilon par un contrepoids hydraulique ou encore par un arbre à cames entraîné par une roue à aubes lorsque l'on dispose plusieurs pilons en parallèle. Mais la véritable mécanisation du décorticage et du blanchiment du riz paddy date de la fin du XIXe siècle grâce à la mise au point du décortiqueur Engelberg.

Figure 3.4.
Pilon à pied (© Jean-François Cruz, Cirad).

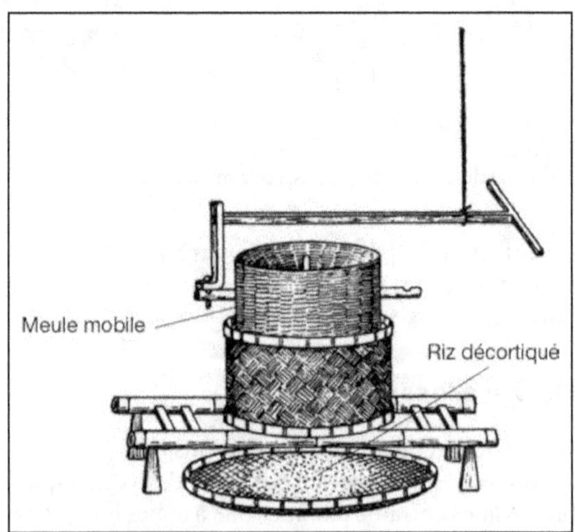

Figure 3.5.
Meule à décortiquer (Dumont, 1934).

Le décortiqueur Engelberg

Le décortiqueur Engelberg est une petite machine de décorticage du riz et du café qui a été inventée en 1885 par un ingénieur brésilien (Evarista Conrado Engelberg) de la région de São Paulo. En 1888, il a créé la société Engelberg-Huller à Syracuse dans l'État de New York pour commercialiser cet équipement en Amérique puis dans le monde entier durant tout le xxe siècle. Aujourd'hui, la machine est encore fabriquée, notamment en Afrique, par quelques équipementiers locaux qui s'inspirent souvent de modèles importés.

Le décortiqueur Engelberg (figure 3.6) est constitué d'un cylindre métallique nervuré tournant dans une chambre cylindrique horizontale dont la partie inférieure est formée d'une tôle métallique perforée pour permettre l'évacuation des sous-produits (balles, sons, fines brisures). La capacité des machines s'échelonne de 100 à 400 kg/h selon leur taille.

Le cylindre central tourne à une vitesse de 650 à 800 tr/min selon les modèles. Une lame métallique, appelée couteau, est solidaire du bâti et joue un rôle de frein pour accroître la friction des grains. L'écartement de cette lame par rapport au cylindre est réglable et permet d'ajuster le décorticage et le blanchiment. Si le taux de brisures est trop important, le couteau doit être davantage écarté du cylindre central (Delannoy, 1977). Une vanne de sortie permet de régler le débit de la machine. Elle doit être resserrée si du riz paddy sort avec le riz blanchi.

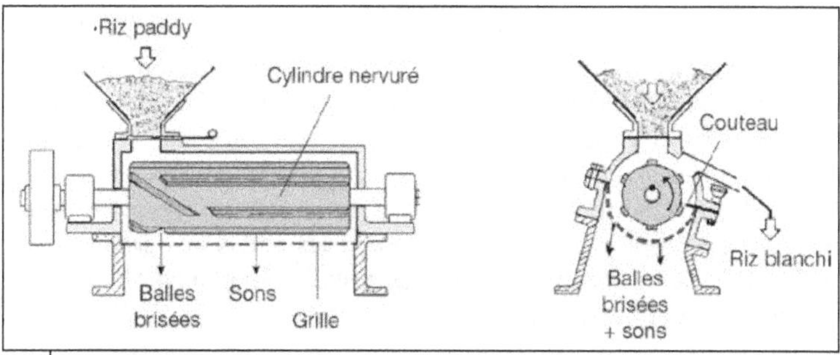

Figure 3.6.
Schéma du décortiqueur Engelberg (Delannoy, 1977).

Le matériel entièrement métallique est très robuste, mais il a une action relativement brutale sur les grains. Il génère de nombreuses brisures et conduit à des performances techniques souvent médiocres avec un rendement d'usinage qui n'est plus que de 55 à 60 % au lieu des 70 % escomptés. Le son est peu valorisable en alimentation animale car il est mélangé aux balles brisées qui contiennent un fort taux de silice. Enfin, l'équipement a aussi pour inconvénient de nécessiter un besoin important en énergie en comparaison à d'autres machines. Les puissances installées sont de 10 à 20 ch pour des débits de 100 à 400 kg/h.

Le décortiqueur Engelberg reste encore très utilisé dans les régions rizicoles parmi les plus pauvres (Afrique, Haïti, Madagascar) où l'on compte plusieurs centaines d'unités artisanales fonctionnant, pour la plupart, en prestation de service pour les ménagères ou les commerçants (voir cahier couleur photos 9 et 10). Le nombre de décortiqueurs Engelberg dépassait le millier en 2012 dans la zone de l'Office du Niger de la région de Ségou au Mali (Coulibaly et Havard, 2015) et plusieurs centaines dans la vallée du fleuve Sénégal au début des années 1990 (Tandia et Havard, 1992). La diffusion de cet équipement se traduit par la création d'unités de transformation mécanisées et décentralisées avec un investissement initial relativement modeste, de 2000 à 5000 € selon les modèles de décortiqueurs. Cette transformation se fait généralement sous la forme d'une prestation de services payante, permettant au client de récupérer un riz blanchi non homogène (riz entier et brisures mélangés), mais aussi les sous-produits s'il le désire. Ce riz, qu'il soit destiné à l'autoconsommation familiale ou vendu à des commerçants, est préalablement nettoyé et tamisé ; le son récupéré est utilisé pour l'alimentation animale.

La décortiquerie améliorée

Pour améliorer la qualité de la transformation en termes de rendement d'usinage et de taux de brisures, il est indispensable de bien séparer les opérations de décorticage et de blanchiment qui sont alors réalisées dans deux modules séparés. Cette pratique est mise en œuvre dans les décortiqueries améliorées où, comme en Guinée, deux décortiqueurs Engelberg fonctionnent en série. Le premier décortiqueur est utilisé pour assurer le décorticage en éliminant les balles des grains de riz paddy. Puis, le second décortiqueur est utilisé pour blanchir le riz cargo obtenu (Cruz et Souaré, 1997).

Les performances peuvent encore être améliorées en utilisant, comme à Madagascar, un décortiqueur à rouleaux de caoutchouc (souvent appelé localement dépailleur, figure 3.7) avant le décortiqueur Engelberg qui n'est plus utilisé que comme blanchisseur (Cruz, 1999). Comme les balles ont été éliminées lors du passage du paddy dans le premier décortiqueur, les sons obtenus en sortie du deuxième décortiqueur sont de bonne qualité et peuvent être valorisés en alimentation animale, et particulièrement dans les élevages porcins.

Si l'on recherche une meilleure qualité de la transformation du riz paddy, il est indispensable de remplacer les décortiqueurs Engelberg par des équipements techniquement plus performants comme les unités compactes de décorticage-blanchiment.

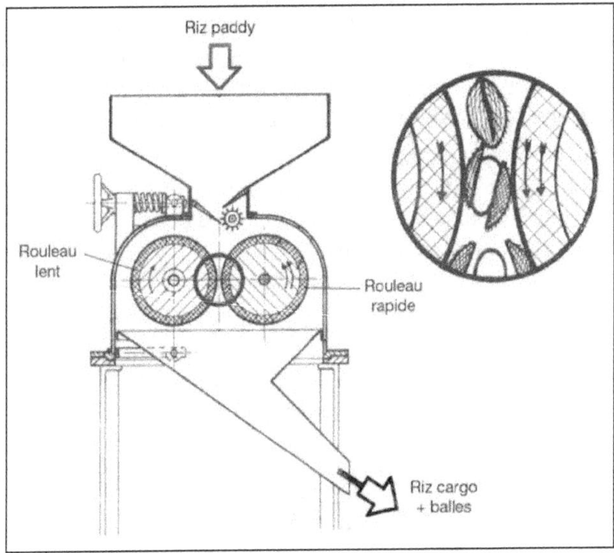

Figure 3.7.
Décortiqueur à rouleaux en caoutchouc (d'après Borasio et Gariboldi, 1957).

Les unités compactes

Les modules de décorticage et de blanchiment des unités compactes sont disjoints mais superposés et regroupés au sein d'une même machine (voir cahier couleur photo 11). Le décorticage est réalisé par passage des grains de paddy entre deux rouleaux de caoutchouc tournant en sens inverse à des vitesses différentes (voir cahier couleur photo 12).

L'écart de vitesse tangentielle des rouleaux permet l'arrachement des balles (figure 3.7), qui sont ultérieurement aspirées par un ventilateur et évacuées à l'extérieur de la machine. Les grains décortiqués (ou riz cargo) tombent dans la chambre de blanchiment, où ils sont blanchis par friction dite « grains sur grains » (figure 3.15) et récupérés en sortie basse de la machine (Cruz, 1999). La chambre de blanchiment est équipée de grilles qui permettent l'évacuation des sons par gravité dans la partie inférieure de l'unité compacte (figure 3.8, voir cahier couleur photo 14).

Ces matériels, qui ont une capacité moyenne de 400 à 800 kg/h nécessitent une puissance installée de 7 à 15 kW. En raison de leurs bonnes performances techniques en termes de rendement d'usinage, de taux de brisures et de consommation énergétique, ils ont progressivement remplacé les décortiqueurs Engelberg dans les entreprises artisanales d'Asie et d'Amérique latine à la fin du XXe siècle et ils sont désormais de plus en plus diffusés en Afrique. La principale contrainte des unités compactes reste l'acquisition des pièces d'usure que sont les rouleaux en caoutchouc du décortiqueur et les grilles du blanchisseur.

Pour améliorer la qualité de la transformation, il est important de veiller à disposer d'un riz paddy bien propre et homogène. Avec le décortiqueur à rouleaux, il est préférable d'éviter les mélanges de variétés de riz rond et de riz long.

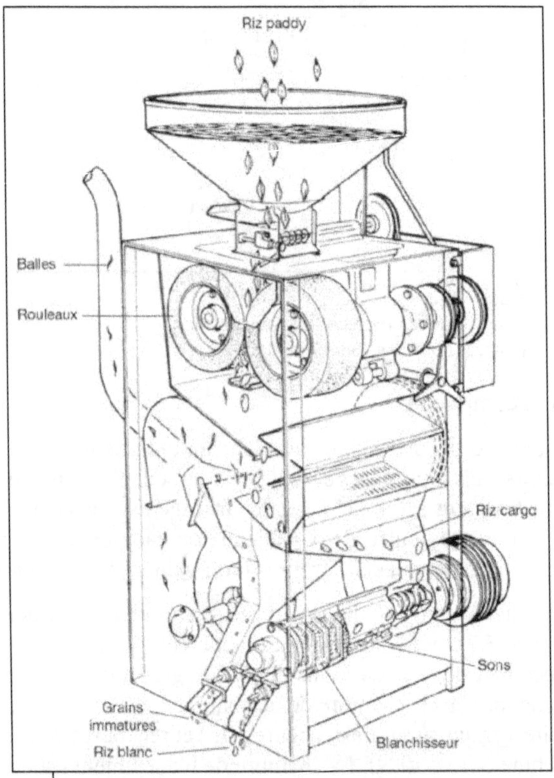

Figure 3.8.
Module compact (d'après document Sataké).

L'étuvage du riz

L'étuvage du riz est une pratique développée dans certaines régions d'Asie (Inde, Pakistan, Sri Lanka), des Caraïbes (Haïti) ou d'Afrique de l'Ouest (Bénin, Guinée, Nigeria).

D'un point de vue technique, l'étuvage est un procédé qui consiste en une précuisson du riz paddy préalablement hydraté à une teneur en eau voisine de 30 % (Bhattacharya, 1985). Cette précuisson permet une gélatinisation de l'amidon qui perd sa structure cristalline pour former des complexes assurant une forte cohésion du grain. En ressoudant les grains clivés, l'étuvage améliore la qualité technologique du riz par la diminution du taux de brisures qui permet d'accroître le rendement d'usinage. L'étuvage améliore également les qualités organoleptiques (fermeté et absence de collant) et nutritionnelles en enrichissant l'amande en vitamines hydrosolubles (vitamines B) et en minéraux initialement concentrés dans le péricarpe. Par migration de certains pigments, l'étuvage confère au grain de riz une teinte ambrée caractéristique qui peut parfois rebuter certains consommateurs, mais la plupart reconnaissent au riz étuvé de bonnes qualités culinaires, gustatives et nutritionnelles. Même s'il nécessite une durée de cuisson plus importante que le riz blanc car l'étuvage a rendu le cœur du grain plus dense et moins accessible à l'eau de cuisson. Le riz étuvé gonfle mieux et apparaît de ce point de vue plus économique pour de nombreux ménages. Enfin, l'étuvage permet de détruire les insectes, les spores et les microorganismes présents dans les grains.

Un procédé moderne d'étuvage est illustré en figure 3.9.

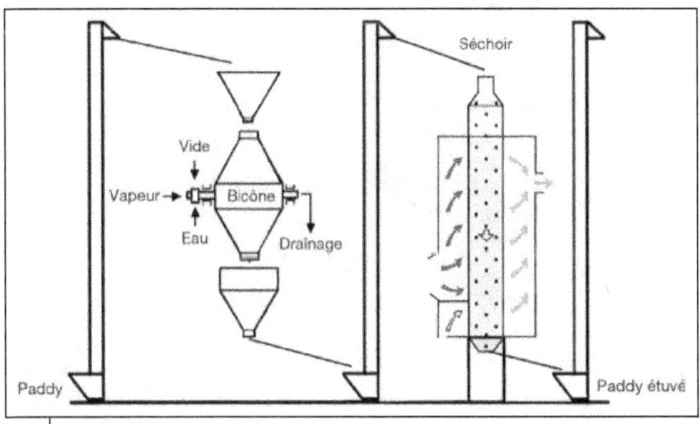

Figure 3.9.
Schéma d'une unité industrielle d'étuvage de type « Arlésien » (Cruz, 1999).

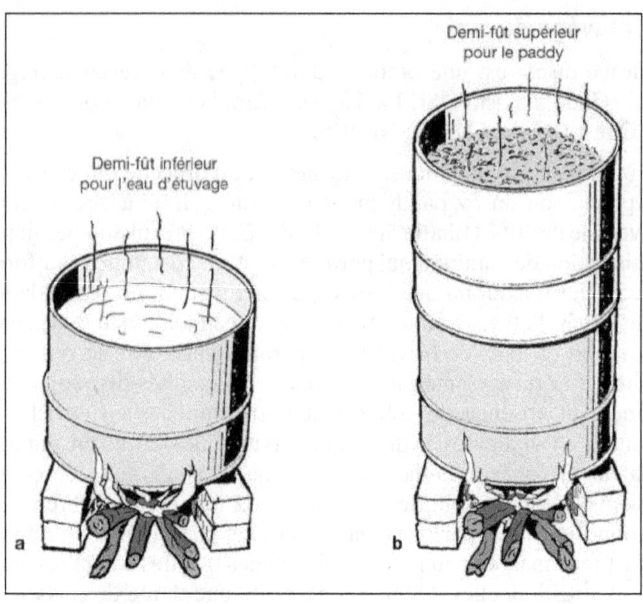

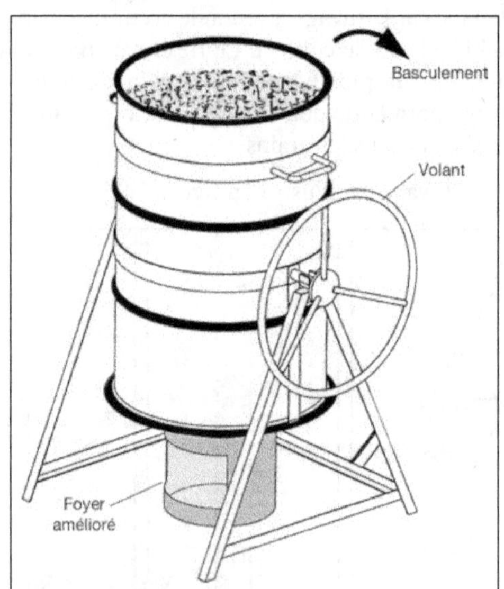

Figure 3.10.
Amélioration de l'étuvage traditionnel en fûts métalliques (© Patrice Thaunay, Cirad).

Cependant, dans certains pays d'Afrique de l'Ouest, comme en Guinée ou au Burkina Faso, la technique de l'étuvage mise en œuvre est encore traditionnelle. Elle comprend trois opérations successives :

– le trempage du paddy dans un récipient rempli d'eau préalablement chauffée puis son transvasement dans un grand fût laissé au repos durant une nuit ;

– l'étuvage à la vapeur. Le paddy trempé est versé dans un récipient (marmite ou fût coupé) auquel on ajoute 10 % à 15 % d'eau. Le fût de paddy est mis à chauffer après avoir été recouvert d'un tissu ou d'un sac de jute. L'étuvage est stoppé lorsque de la vapeur apparaît en surface et que les balles des grains commencent à s'ouvrir. Cette opération dure de 30 à 40 minutes ;

– le séchage des grains. Le paddy étuvé est étalé en couche mince sur une aire de séchage extérieure (natte, bâche, aire cimentée) et périodiquement remué pour homogénéiser le séchage. Selon les conditions climatiques, le séchage dure une matinée à une journée (voir cahier couleur photo 7).

Pour améliorer l'étuvage traditionnel, il est souvent recommandé d'utiliser deux demi-fûts superposés. Le demi-fût inférieur sert de générateur de vapeur et le demi-fût supérieur, à fond perforé, est rempli de paddy à étuver (figure 3.10). Afin de faciliter le travail souvent très harassant de manutention des fûts, il serait nécessaire de promouvoir la fabrication, par des artisans locaux, de châssis-support de fûts permettant le basculement du dispositif pour vidanger les grains après étuvage. L'utilisation de foyers améliorés est également à recommander, car les opérations de trempage à l'eau chaude et d'étuvage nécessitent un investissement important en bois de chauffe. Avec les foyers traditionnels dits foyers « 3 pierres », il faut environ un fagot de bois (10 kg) pour étuver deux sacs de paddy (120 kg). Le développement de technologies améliorées avec des foyers économiseurs ou la recherche d'alternatives énergétiques est à promouvoir, notamment dans les zones de déforestation comme au Sahel ou en Haïti.

La transformation industrielle du riz

En usinage industriel, chaque opération unitaire est réalisée séparément au niveau d'une machine spécifique. La liaison de l'ensemble du circuit est assurée par une manutention mécanique. On parle alors de diagramme d'usinage.

Un diagramme d'usinage classique est illustré en figure 3.11.

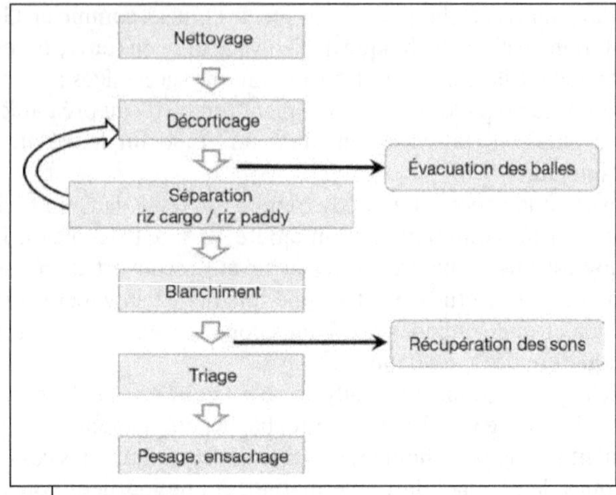

Figure 3.11.
Diagramme d'usinage industriel.

Le schéma simplifié d'une rizerie industrielle est donné à la figure 3.12 où les principaux équipements sont représentés.

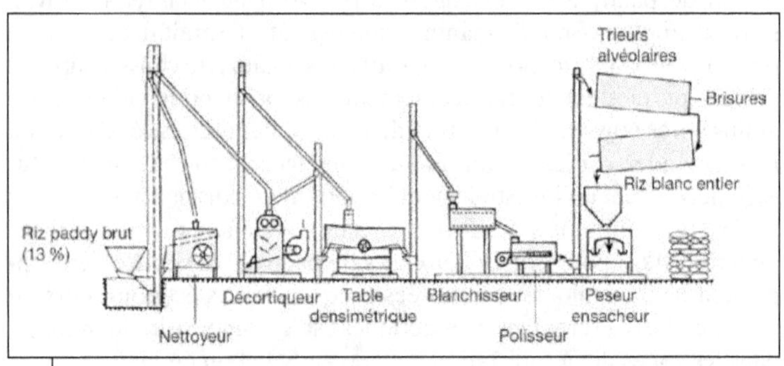

Figure 3.12.
Schéma simplifié d'une rizerie industrielle (© Jean-François Cruz, Cirad).

Toutes les séquences de préparation de la matière première (réception, manutention, séchage, stockage, ventilation) sont décrites dans l'ouvrage « la conservation des grains après-récolte » (Cruz *et al.*, 2016).

Le nettoyage

Le nettoyage du riz paddy est une opération indispensable avant l'usinage pour éviter l'usure excessive des machines et la contamination du riz par des matières étrangères. Il a pour fonction d'éliminer toutes les impuretés végétales (pailles, grains vides, graines étrangères), minérales (sables, pierres) ou animales (débris d'insectes, ...) mélangées aux bons grains. Les principaux équipements de nettoyage sont les nettoyeurs rotatifs et les nettoyeurs-séparateurs décrits précédemment (voir chapitre 2). Un séparateur magnétique, placé avant ou dans les nettoyeurs, permet d'éliminer les particules métalliques (boulons, clous, vis) éventuellement présentes dans le riz paddy tout venant. Les débits des matériels de nettoyage varient de 5 t/h à plusieurs dizaines de tonnes à l'heure.

Le décorticage

Le décorticage a pour objet d'enlever les balles des grains de riz paddy pour obtenir le riz cargo.

Au cours de la première moitié du XXe siècle, le matériel de décorticage le plus utilisé était le décortiqueur à meules. Le matériel est constitué de deux meules horizontales dont l'écartement est réglable. La meule supérieure fixe est dite « gisante » alors que la meule inférieure mobile est qualifiée de « tournante ». Le décorticage s'effectue par passage des grains entre les deux meules. Cette technologie ancienne avec des matériels relativement encombrants et ayant une action brutale sur les grains a été progressivement remplacée au cours du XXe siècle par le décortiqueur à rouleaux en caoutchouc. Le principe, déjà décrit précédemment, consiste à arracher les balles des grains par cisaillement lors du passage du paddy entre les deux rouleaux caoutchouc tournant en sens inverse à des vitesses différentes (figure 3.7 et photo 3.1). En rizerie industrielle, des rouleaux en caoutchouc de 10 pouces (255 mm de diamètre et 244 mm de longueur) permettent d'obtenir un débit effectif voisin de 2 t/h et plusieurs décortiqueurs sont souvent utilisés en parallèle pour atteindre des capacités plus importantes.

Les décortiqueurs à rouleaux en caoutchouc sont des équipements qui assurent un décorticage peu agressif des grains et génèrent un minimum de brisures. Il est toujours préférable de ne pas rechercher un décorticage complet pour ne pas augmenter le taux de brisures. En conditions normales d'utilisation, ils permettent d'obtenir des rendements de décorticage voisin de 80 % avec un bon taux de décorticage souvent supérieur à 95 %. Les grains de riz paddy doivent être bien nettoyés, parfois calibrés, pour éviter le mélange de variétés de riz ronds et de riz longs et avoir une humidité optimale de 13 % à 14 %. Des grains trop humides rendent le décorticage difficile alors que des grains trop secs se brisent plus facilement et génèrent davantage de brisures. L'usure des rouleaux caoutchouc, due au caractère agressif des balles de riz qui contiennent 15 % de silice, reste le principal inconvénient de ces équipements ; des composites plastifiés plus résistants permettent aujourd'hui de réduire cette usure.

En sortie du décortiqueur à rouleaux, les balles et les autres particules légères (grains immatures, fines brisures, poussières) sont éliminées par aspiration. Selon le taux de décorticage obtenu, une certaine quantité de riz paddy (souvent voisine de 5 %) reste mélangée au riz cargo récupéré.

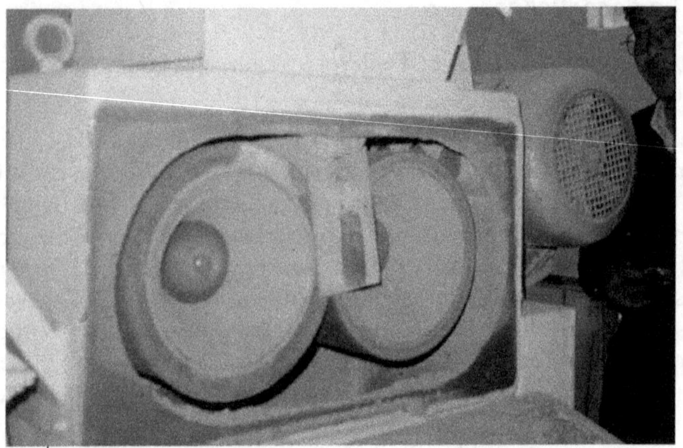

Photo 3.1.
Décortiqueur à rouleaux dans une rizerie industrielle (© Jean-François Cruz, Cirad).

La séparation du paddy

Pour séparer les riz paddy de la masse des grains cargo, on utilise des tables dites « densimétriques » qui sont animées d'un mouvement alternatif et permettent de séparer les grains par la différence de densités. On distingue les tables densimétriques à plateaux inclinés (figure 3.13) et les tables à chicanes (figure 3.14).

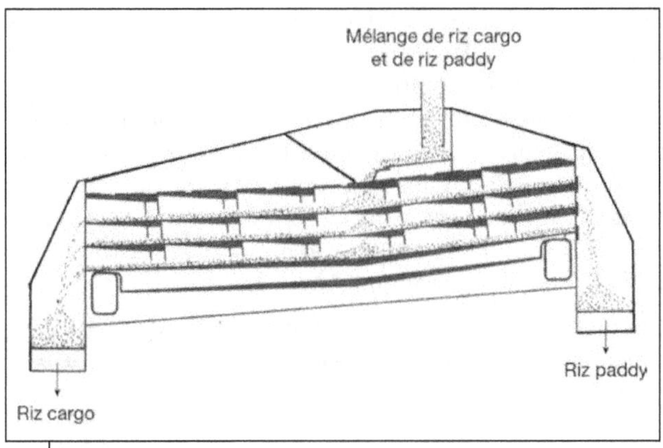

Figure 3.13.
Table densimétrique à trois étages (d'après Gariboldi, 1982).

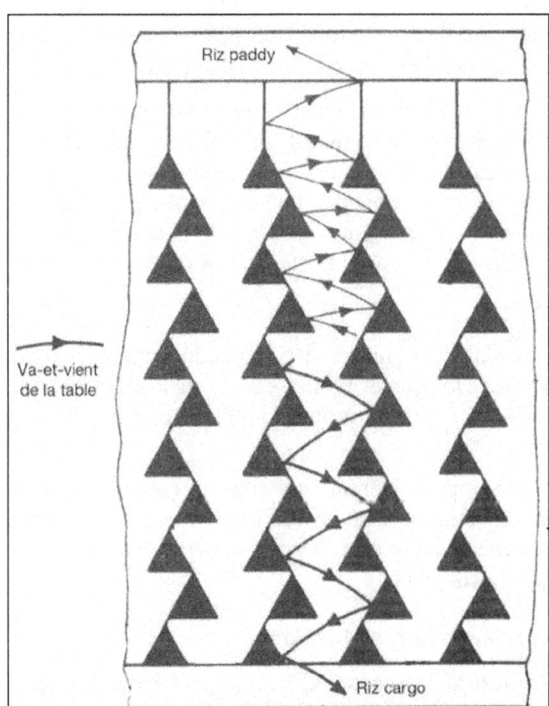

Figure 3.14.
Schéma de séparation du riz paddy et du riz cargo (d'après Gariboldi, 1974).

Les tables densimétriques à chicanes comptent de deux à cinq étages de compartiments en dédale (zigzag) plus ou moins inclinés de part et d'autre du point d'alimentation. Elles sont animées d'un mouvement de va-et-vient horizontal pour assurer une séparation densimétrique des produits (figure 3.14). Les grains de riz cargo descendent lentement et sont récupérés dans une goulotte alors que les grains de riz paddy, moins denses, remontent et sont collectés à l'autre extrémité (Miche, 1987). Les débits obtenus varient de 2 à 5 t/h selon le nombre d'étages, et l'énergie requise se limite à 2 à 3 kW.

Certaines tables densimétriques sont constituées de simples plateaux inclinés animés d'un mouvement alternatif pour séparer le riz paddy du riz cargo.

Le blanchiment

Le blanchiment a pour objet d'éliminer le péricarpe et le germe des grains de riz cargo pour obtenir le riz blanc. Il s'agit d'exercer une action suffisante pour arracher les couches périphériques plus tendres sans altérer l'amande plus dure des grains. Les deux principes majeurs de blanchiment utilisés sont l'abrasion et la friction (figure 3.15).

Alors que dans le décorticage traditionnel au pilon et mortier, c'est le principe de la friction qui est mis en œuvre, la première machine de blanchiment a utilisé le principe de l'abrasion. L'abrasion consiste à obtenir un blanchiment par frottement des grains sur une surface abrasive alors que la friction est obtenue en exerçant une pression suffisante sur les grains pour permettre un blanchiment par le frottement des grains entre eux.

Le cône à blanchir

La première machine à blanchir, mise au point dans les années 1860 par la compagnie écossaise Douglas et Grant, était constituée d'un cône abrasif inversé, en émeri naturel, tournant dans une enceinte fixe en tôle perforée (figure 3.16).

Cette technologie ancienne a légèrement évolué au cours des décennies. Elle était encore utilisée à la fin du XXe siècle dans certaines rizeries notamment en Afrique, et a été progressivement remplacée par les blanchisseurs horizontaux.

Le blanchisseur à cylindre abrasif horizontal

Le blanchisseur est constitué d'une meule cylindrique horizontale tournant dans une cage métallique perforée (figure 3.17). La couche mince

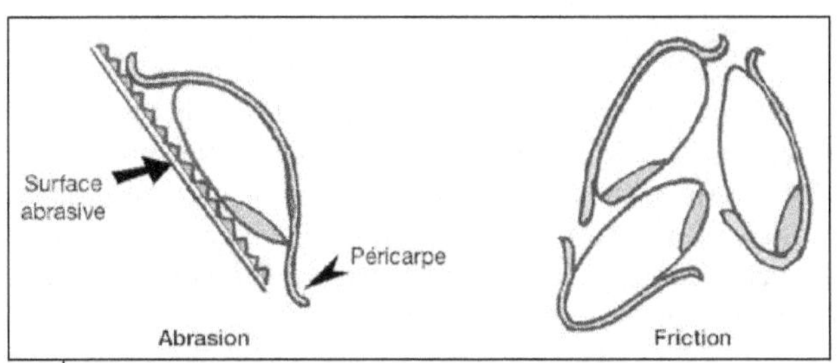

Figure 3.15.
Principes de blanchiment du riz : abrasion et friction.

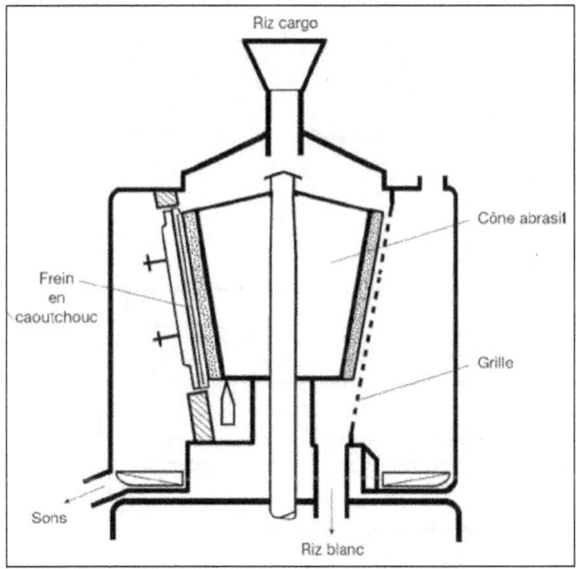

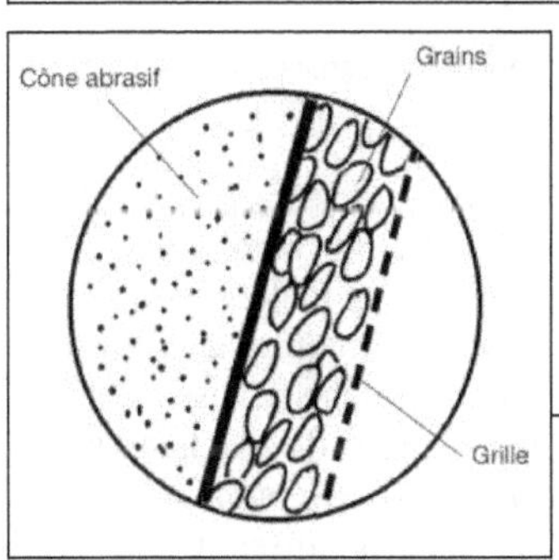

Figure 3.16.
Schéma du blanchisseur à cône (d'après Borasio et Gariboldi, 1957).

de grains de riz cargo est blanchie par abrasion au contact de la meule, et les sons sont évacués au travers de la grille. Un courant d'air traverse le cylindre abrasif pour assurer le refroidissement des grains et faciliter l'évacuation des sons. Cette machine est considérée comme un équipement « à basse pression et à haute vitesse » et la vitesse périphérique du cylindre abrasif doit dépasser 10 m/s pour éviter l'encrassement de la meule. Le blanchisseur à cylindre abrasif génère peu de brisures, mais donne au riz blanchi un aspect rugueux et non poli.

Selon les modèles, les débits horaires des blanchisseurs à cylindre abrasif vont de quelques centaines de kilogrammes à plusieurs tonnes par heure et le plus fréquemment dans la gamme de 500 kg/h à 3 t/h.

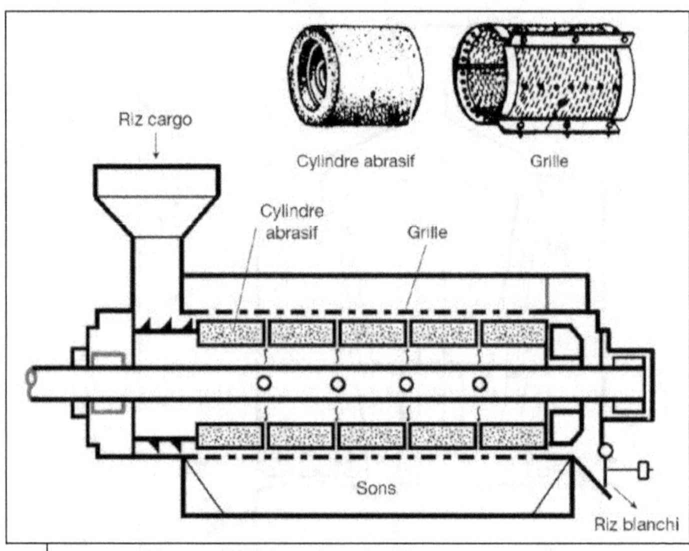

Figure 3.17.
Blanchisseur à cylindre abrasif (d'après document Sataké).

Le blanchisseur à friction

Le blanchisseur à friction est constitué d'un axe horizontal lisse tournant dans une grille métallique de section hexagonale (figure 3.18). L'axe central creux est équipé de deux nervures longitudinales mettant en pression les grains qui progressent en couche épaisse dans la chambre de blanchiment. La forme hexagonale de la chambre de blanchiment génère une succession de pression-dépression qui permet un meilleur frottement des grains les uns sur les autres. Un courant

d'air traverse l'axe creux pour assurer le refroidissement des grains et faciliter l'évacuation des sons. Cette machine, parfois qualifiée de blanchisseur pneumatique, est considérée comme un équipement « à haute pression et à faible vitesse » où la vitesse périphérique du cylindre central est inférieure à 10 m/s. Étant donné les fortes pressions auxquelles sont soumis les grains, le blanchisseur à friction génère davantage de brisures mais donne un aspect lisse au riz blanchi.

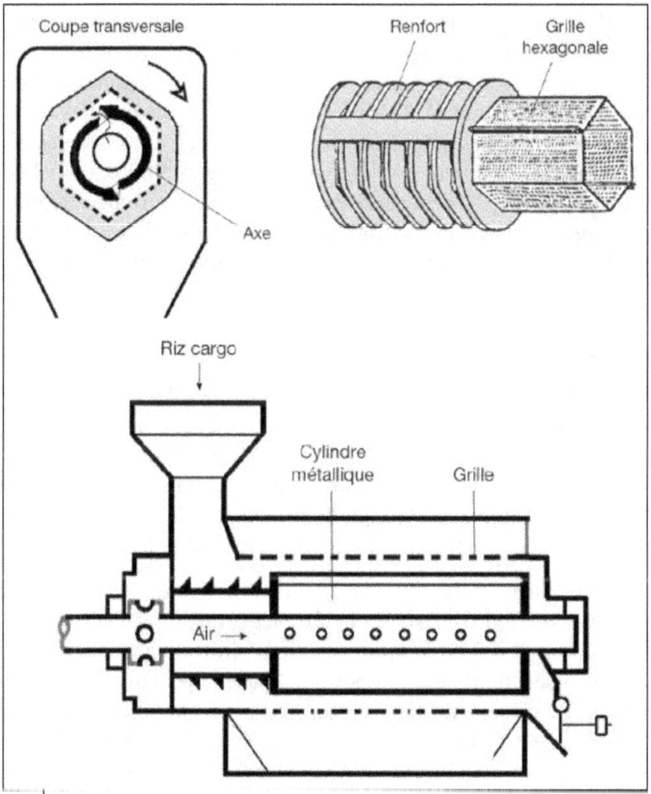

Figure 3.18.
Blanchisseur à friction (d'après document Sataké).

Dans la pratique, les deux appareils sont combinés en série en réalisant d'abord un blanchiment par abrasion, puis une finition dans un blanchisseur à friction, afin de donner une surface lisse et brillante au riz. Dans le cas des grains ronds, moins fragiles, on favorise en général la friction alors que pour les grains longs c'est plutôt l'abrasion qui est privilégiée pour éviter de provoquer des brisures. Il semblerait que l'optimum soit obtenu lorsque 20 % du blanchiment est réalisé par abrasion.

Les blanchisseurs verticaux

Du simple fait de la gravité, les blanchisseurs horizontaux et particulièrement les blanchisseurs à cylindre abrasif génèrent une hétérogénéité de traitement selon les grains situés en partie supérieure ou en partie inférieure de la chambre de blanchiment. Pour éviter cet inconvénient, et optimiser les rendements, certains recommandent d'utiliser des blanchisseurs à axe vertical qui permettent d'accroître l'homogénéité de blanchiment des grains (Sataké, 1994). À l'instar des blanchisseurs horizontaux, les blanchisseurs verticaux sont classés en deux types selon que le principe mis en œuvre est l'abrasion ou la friction. Les blanchisseurs verticaux sont également associés en série et permettent d'obtenir des débits importants pouvant atteindre de 4 à 7 t/h. Ils sont de plus en plus fréquemment utilisés dans les rizeries industrielles modernes de grandes capacités.

Les polisseurs

Après blanchiment, des sons ou des farines résiduelles restent adhérents aux grains de riz blanc notamment lorsqu'ils ont été blanchis par abrasion. Les équipements traditionnellement utilisés par les riziers pour obtenir des grains brillants et lisses étaient constitués d'un rotor conique ou cylindrique équipé de brosses ou de lanières de cuir tournant dans une chambre métallique perforée (van Ruiten, 1985).

Pour améliorer l'aspect du riz à des fins commerciales, certains pays utilisent le glaçage qui consiste à enrober les grains d'un mélange de talc et de glucose (1 à 2 % de talc + 10 % de sirop de glucose). Cette opération, réalisée dans des tambours à glacer spéciaux, est suivie d'un séchage. Le glaçage du riz est interdit dans de nombreux pays du Nord (Europe, États-Unis, Japon). En Italie, le riz blanchi est parfois très légèrement enrobé d'un film d'huile comme pour le riz *camolino*.

Pour parfaire le polissage, une technologie mise au point dans les années 1970 au Japon consiste à utiliser un équipement proche du blanchisseur pneumatique mais de moindre pression et dans lequel on injecte un brouillard d'eau dans la partie antérieure du cylindre. Cette technique permet d'améliorer la friction et de nettoyer les grains blanchis. L'aspiration des farines dans la partie postérieure de la chambre permet de sécher les grains légèrement réhumidifiés (Sataké, 1994).

Le triage du riz blanchi

Après le blanchiment et le polissage, il est nécessaire de réaliser le triage du riz blanchi pour séparer les brisures des grains entiers. Cette opération est souvent réalisée par un ou deux trieurs à alvéoles placés en série et parfois précédés par un plansichter ou tamiseur plan qui effectue un premier tri. Enfin, les grains blanchis sont triés par un trieur colorimétrique avant leur conditionnement en sacs.

Le cylindre à alvéoles

Le matériel est composé d'un cylindre métallique plein dont la face interne comporte de très nombreuses alvéoles. Le diamètre des alvéoles varie de 2 à 8 mm selon la taille des éléments que l'on souhaite séparer.

Le riz blanc sortant du blanchisseur est déchargé dans le cylindre trieur à l'extrémité élevée. Le cylindre, légèrement incliné, tourne lentement (environ 50 tr/min) et les grains se logent dans les alvéoles. Lors de la rotation, les grains entiers sortent par gravité des alvéoles et retombent dans le cylindre alors que les brisures restent prisonnières plus longtemps puis finissent par chuter pour être récupérées dans un auget et évacuées par une vis sans fin (figure 3.19).

Dans les rizeries industrielles, on dispose souvent de plusieurs cylindres à alvéoles en série de manière à séparer d'abord les fines brisures puis les plus grosses brisures.

Figure 3.19.
Schéma du trieur à alvéoles (d'après Borasio et Gariboldi, 1957).

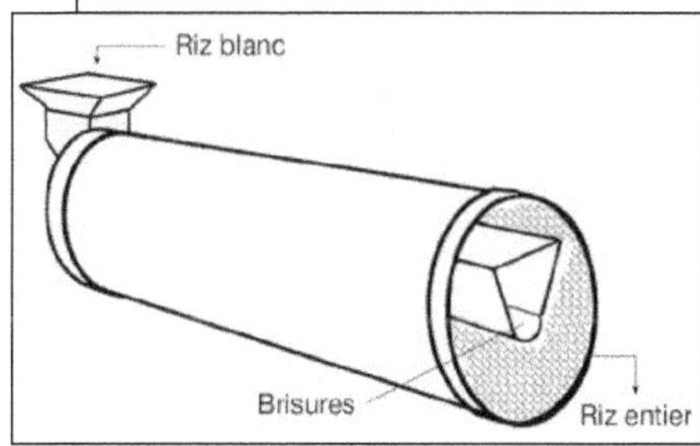

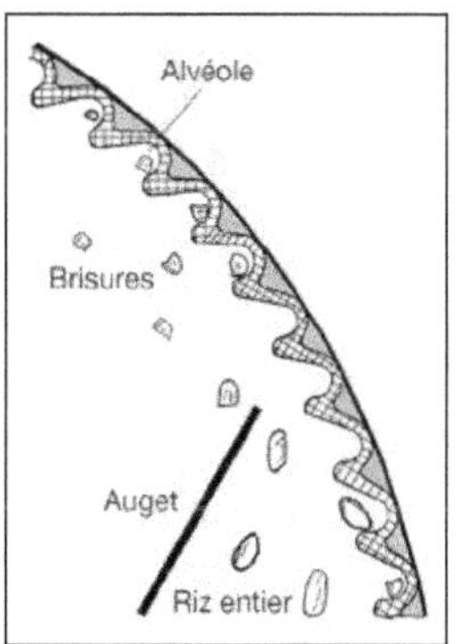

Le trieur colorimétrique

Le trieur colorimétrique permet d'éliminer tous les grains (jaunes, tachés, crayeux) qui n'ont pas la blancheur requise pour le riz standard commercialisé. Tous les grains passent devant une ou plusieurs cellules photoélectriques réglées pour une blancheur donnée et ceux qui sont non conformes sont éliminés par un jet d'air comprimé (figure 3.20).

Les rizeries industrielles disposent de grands trieurs colorimétriques composés de très nombreux canaux de manière à atteindre des débits horaires de plusieurs tonnes.

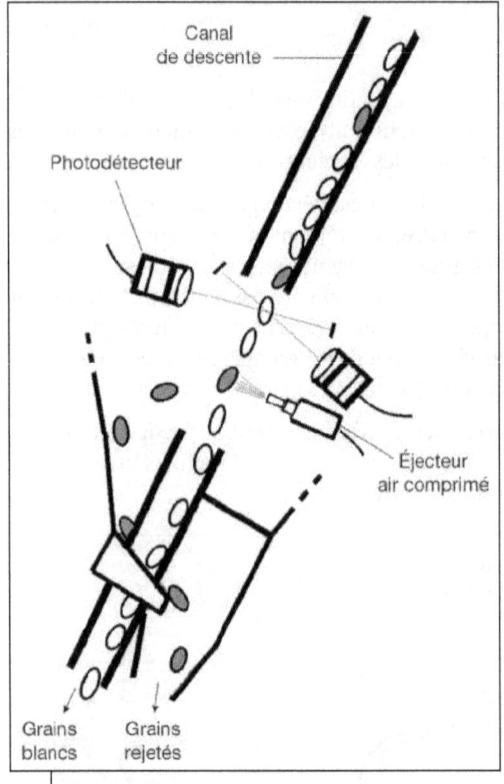

Figure 3.20.
Schéma du trieur colorimétrique
(© Jean-François Cruz, Cirad).

La transformation semi-industrielle du riz

La transformation semi-industrielle du riz est une technologie qui vise à atteindre des performances équivalentes à celles observées en rizerie industrielle mais avec un niveau de complexité nettement moindre.

Le diagramme d'usinage d'une rizerie semi-industrielle, ou minirizerie, est très simplifié par rapport au diagramme industriel. Il comprend généralement un poste de nettoyage, un poste de décorticage-blanchiment et un poste de triage (figure 3.21). Le décorticage-blanchiment est réalisé au moyen d'une ou de plusieurs unités compactes disposées en parallèle de manière à obtenir des débits de 1 à 1,5 t/h pour une capacité annuelle de transformation pouvant dépasser 2000 tonnes (voir cahier couleur photo 13).

Alors que les décortiqueries artisanales assurent généralement une prestation de service, les minirizeries fonctionnent le plus souvent pour la production de produits transformés (achat de riz paddy, transformation, vente du riz blanc et des coproduits) à l'instar des rizeries industrielles. Pour assurer cette fonction, il est indispensable de prévoir des infrastructures adaptées et notamment des locaux séparés pour abriter les différents équipements de nettoyage, de manutention et de transformation et pour stocker la matière première en amont et les produits transformés en aval (figure 3.22).

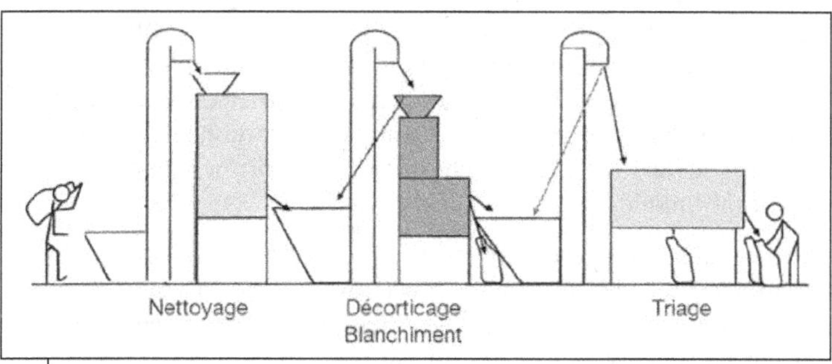

Figure 3.21.
Schéma simplifié d'une minirizerie (d'après document Gauthier).

Figure 3.22.
Unité semi-industrielle de transformation du riz (d'après document Gauthier).

La valorisation des coproduits

Les balles et les sons constituent les coproduits générés lors de la transformation du paddy.

Valorisation des balles de riz

Plus de 140 millions de tonnes de balles de riz sont produites au niveau mondial. Généralement considérées comme un simple sous-produit de la transformation, elles sont le plus souvent jetées ou brûlées. Leur faible densité (100 à 150 kg/m³) en fait un produit volumineux très encombrant. Peu ou pas utilisables en alimentation animale en raison de leur forte teneur en silice (15 %) elles peuvent constituer une source importante d'énergie. Chaque tonne de paddy génère environ 200 kg de balles dont le contenu énergétique est approximativement égal à celui de 60 litres de fioul domestique.

Dans les régions rizicoles, les balles de riz sont parfois utilisées comme litière pour les animaux ou pour la cuisson des briques d'argile comme à Madagascar. Des projets préconisent leur utilisation comme combustible dans des foyers améliorés ménagers ou pour la confection de briquettes destinées à concurrencer le charbon de bois, mais les résultats ne sont pas toujours probants. Dans certains pays d'Europe, d'Amérique ou d'Asie, on cherche aussi à les valoriser comme matériau isolant thermique.

Dans beaucoup de grandes rizeries industrielles, les balles de riz sont davantage considérées comme un coproduit de la transformation et sont souvent brûlées dans des chaudières pour réchauffer l'air destiné au séchage des grains ou pour générer de la vapeur utilisée pour l'étuvage ou pour la production d'énergie électrique. Les équipements habituellement commercialisés répondent généralement aux besoins des grandes installations mais pas vraiment à ceux des unités semi-industrielles.

Pour les minirizeries dont les capacités avoisinent 1 à 1,5 t/h, certains proposent que l'énergie soit produite par gazéification des balles de riz. Dans les années 1990, le Cirad a développé un gazogène fonctionnant avec des balles de riz pour produire un gaz combustible qui est refroidi, lavé et filtré avant d'être introduit dans un groupe électrogène *dual-fuel* en vue d'en diminuer la consommation en gazole (Vaitilingom, 1996). Des essais réalisés en Indonésie en utilisant un groupe électrogène de 40 kVA ont permis d'économiser jusqu'à 70 % de carburant.

Valorisation des sons de riz

Les sons de riz sont les coproduits obtenus lors du blanchiment et du polissage des grains de riz cargo. Ils sont principalement constitués du péricarpe, de la couche à aleurone, du germe entier et de fragments de l'albumen amylacé, sous la forme de fines brisures et de farine. Ils peuvent également contenir quelques fragments de balles si du riz paddy restait mélangé au riz cargo avant le blanchiment.

En raison de la présence de fragments de la couche à aleurone et du germe, les sons de riz sont des produits riches en protéines et en lipides. Une composition moyenne est donnée dans le tableau 3.2. Les sons de riz sont également riches en vitamines B et notamment en vitamine B3 ou niacine. L'étuvage du riz donne des sons généralement plus riches en huile mais moins riches en vitamines B en raison de leur migration vers l'amande du grain.

Tableau 3.2. Composition moyenne des sons de riz obtenus après blanchiment.

Constituants	Protéines	Lipides	Fibres	Cendres	Extractif non azoté
Sons de riz	16 %	17 %	8 %	9 %	50 %

Les sons de riz sont utilisables en alimentation animale à condition d'être mélangés à d'autres ingrédients. Leur forte teneur en fibres et en matières grasses riches en acides gras insaturés oblige à porter une attention particulière à la ration alimentaire, notamment pour les monogastriques. Néanmoins, les sons de riz sont couramment utilisés pour l'alimentation des porcs, des lapins et des poules. En Guinée, on recommande de ne pas dépasser dans leur alimentation les proportions (en poids) de 25 % pour les porcs, 20 % pour les lapins et de 12 % pour les poules et de diviser ces valeurs par deux lorsqu'il s'agit de jeunes animaux (Chaloub, 1979).

4. Décorticage des céréales sèches et des autres grains

On a coutume de qualifier de céréales sèches, les céréales locales, autres que le riz, comme le mil, le sorgho, le maïs, le fonio. Les autres grains qui sont abordés dans ce chapitre sont essentiellement des légumineuses comme le niébé, le soja et le néré. En général, les céréales ont en commun plusieurs caractéristiques structurales. Cependant, elles se distinguent les unes des autres par des caractéristiques individuelles qui déterminent leur aptitude à différents types de transformation. Cette différence de structure des céréales affecte l'opération de décorticage.

Le décorticage des mils et des sorghos

Les mils et les sorghos sont les céréales qui résistent le mieux à la sécheresse des régions semi-arides, en particulier dans une grande partie de l'Afrique subsaharienne et en Inde. Elles constituent la base de l'alimentation de nombreuses populations de l'Afrique soudano-sahélienne où elles sont consommées sous forme de bouillies, de pâtes, de couscous ou de galettes. Parmi les plats coutumiers de ces régions, on distingue le *tô* du Mali et du Burkina Faso, le couscous *ciéré*, la semoule *gnéleng* ou la bouillie *laax* du Sénégal, la boule *mourou* ou la galette *kissar* du Tchad, la bouillie *assida* ou la galette *kisra* du Soudan. Toutes ces préparations traditionnelles sont réalisées à base de farines ou de semoules plus ou moins grossières obtenues après décorticage et mouture des grains.

Structure physique et composition biochimique des grains de mil et de sorgho

Les grains de mil et de sorgho sont des fruits secs, ou caryopses, généralement nus à maturité et de petite taille. Pour le mil, le poids de 1000 grains varie de 5 à 15 g alors que pour le sorgho il est le plus souvent de 20 à 40 g.

Structure physique

Comme les autres céréales, les grains de mil (figure 4.1) et de sorgho (figure 2.2) sont formés de trois parties : l'albumen, le germe et les enveloppes (voir chapitre 2).

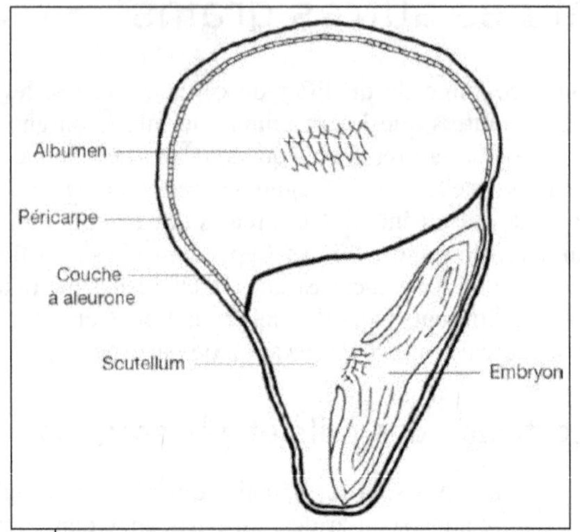

Figure 4.1.
Coupe du grain de mil (d'après Goussault, 1975).

Composition biochimique

Teneur en lipides

Le mil et le sorgho sont des céréales à très gros germe (tableau 2.1) et leur teneur en lipides (4 % pour le mil et 3,5 % pour le sorgho) est naturellement plus élevée que celle d'autres céréales comme le blé ou le riz (tableau 2.2). Les lipides sont généralement éliminés lors du décorticage car ils sont essentiellement concentrés dans le germe, le péricarpe et la couche à aleurone.

Pour le mil, 70 à 75 % des acides gras présents sont des acides gras insaturés, surtout représentés par l'acide linoléique (46 %) et l'acide oléique (25 %), alors que le principal acide gras saturé est l'acide palmitique (19 %).

Pour le sorgho, ce sont 75 à 80 % des acides gras qui sont insaturés avec surtout l'acide linoléique (49 %) et l'acide oléique (31 %). Le principal acide gras saturé reste l'acide palmitique (14 %) (Rooney, 1978).

Les glucides

Le mil et le sorgho ont des teneurs en amidon voisines (60-65 % MS) avec une plage de variation allant de 55 à 75 % MS selon les variétés. La teneur en amylose est voisine de 20 % MS et la teneur en fibres brutes proche de 2 % MS.

Les protéines

La teneur en protéines du mil est proche de 12 %, elle est généralement supérieure à celle du sorgho ou du maïs (11 %) (Chantereau *et al.,* 2013). Chez le mil, les prolamines représentent près de 40 % des protéines totales mais n'entraînent pas d'intolérance.

Chez le sorgho, les prolamines ou cafirines, qui représentent plus de 50 % des protéines totales, forment des couches entrecroisées qui protègent l'amidon de la zone farineuse, ce qui expliquerait sa moins bonne digestibilité (Rooney et Pflugfelder, 1986).

Sur le plan qualitatif, les protéines du mil et du sorgho sont déficientes en lysine comme c'est le cas pour la plupart des céréales. Le mil et le sorgho sont considérés comme des céréales sans gluten facilement tolérées par les patients atteints de la maladie cœliaque.

Caractéristiques de la digestibilité

Dans certaines variétés de sorgho, la présence de polyphénols condensés ou tannins dans la testa pigmentée constitue un facteur qui réduit la digestibilité des protéines et la disponibilité des acides animés (FAO, 1995). Mais certains considèrent aujourd'hui qu'ils sont bénéfiques à la santé humaine en raison de leur pouvoir antioxydant élevé et leur capacité à lutter contre l'obésité en réduisant la digestibilité des aliments. Enfin, les sorghos avec tannins sont parfois préférés pour la production de bières locales colorées.

Techniques de décorticage des mils et des sorghos

Objet du décorticage

Les enveloppes des grains de mil et de sorgho sont très friables et se pulvérisent en particules très fines, de dimensions comparables à celles des farines, qu'il est difficile d'éliminer par un simple tamisage (Miche, 1980). Il est délicat d'obtenir de la farine par écrasement des grains suivi d'un tamisage pour séparer le son comme cela se fait pour le blé.

Avant la mouture, il est alors recommandé de procéder à un décorticage préalable des grains pour séparer le son (péricarpe et germe) de l'amande (Abecassis *et al.*, 1978).

Note. Le terme de décorticage est ambigu car il ne correspond pas à la même opération selon que l'on transforme des céréales nues ou des céréales vêtues. Pour les céréales vêtues comme le riz ou le fonio, le décorticage consiste en l'élimination des enveloppes externes que sont les balles alors que l'élimination des sons est appelée blanchiment.

Décorticage manuel traditionnel des mils et des sorghos

Le décorticage manuel traditionnel est réalisé au pilon et mortier avec des grains préalablement nettoyés, puis réhumidifiés par lavage ou simple addition d'eau. Cette réhumidification rapide permet d'assouplir les enveloppes des grains et facilite leur détachement de l'amande. Le rendement de décorticage peut dépendre des variétés de grains mais aussi du niveau de décorticage souhaité et du savoir-faire des transformatrices[4] (Chantereau *et al.*, 2013). Certains plats traditionnels comme le *tô* en Afrique de l'Ouest exigent une farine très pure qui nécessite un décorticage total pour éliminer les couches périphériques des grains (Fliedel, 1994). En général, le rendement de décorticage est de 65 à 75 %.

Après le décorticage, les grains sont nettoyés pour séparer les sons, puis ils sont lavés pour éliminer les particules de son, de farine et de poussières qui sont collées à leur surface. Pour certaines préparations, les grains décortiqués et lavés sont laissés à ressuyer pour permettre un début de fermentation qui donne un goût acide très recherché par les consommateurs des plats traditionnels. D'après les observations réalisées auprès de transformatrices, le débit obtenu par décorticage manuel au pilon varie de 8 à 15 kg/h.

Mécanisation du décorticage artisanal des mils et des sorghos

Le décortiqueur Engelberg

Le décortiqueur Engelberg (figure 3.6, cahier couleur photos 9 et 10) initialement conçu pour l'usinage du riz est parfois utilisé pour le décorticage des mils et des sorghos. Il existe de nombreuses fabrications locales de cet équipement, simple et robuste, dont la gamme de débit varie entre 100 et 400 kg/h. La qualité du décorticage à l'Engelberg n'est pas toujours régulière et la réhumidification préalable des grains de mil ou de sorgho peut entraîner une détérioration prématurée

4. Ce travail étant exclusivement effectué par des femmes.

de la machine par oxydation des éléments métalliques. Pour améliorer la conservation des produits transformés, il est souvent préférable de promouvoir le décorticage mécanique « en sec ».

Le décortiqueur PRL

Un décortiqueur à disques abrasifs a été mis au point dans les années 1970 par le Laboratoire régional des Prairies (PRL) au Canada. Le matériel est constitué d'une série de 13 meules en carbure de silicium synthétique, montées sur un arbre horizontal et tournant dans une chambre métallique (figure 4.2). Un système en partie supérieure de la machine permet l'aspiration des sons.

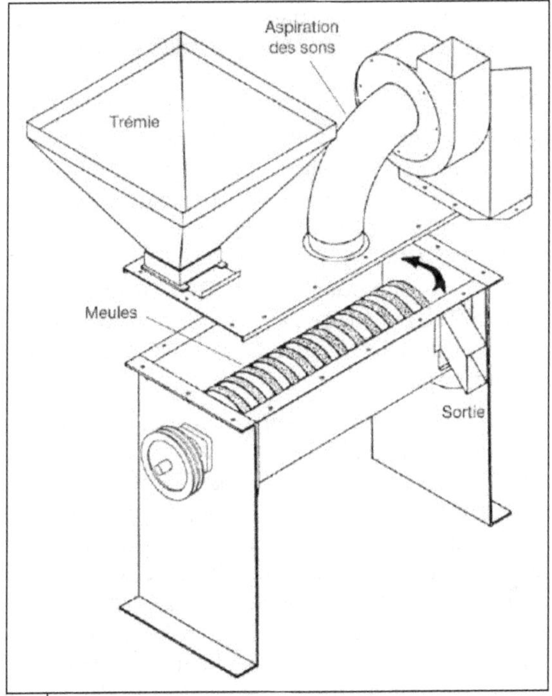

Figure 4.2.
Schéma du décortiqueur PRL (Laboratoire régional des Prairies) (d'après Eastman, 1982).

Des décortiqueurs de type PRL ont été fabriqués au Botswana sous le nom de PRL/RIIC (Rural Industries Innovation Centre) et commercialisés en Afrique australe où ils ont permis la création d'une industrie locale de petites entreprises de fabrication de matériels et de transformation du sorgho. Des matériels comparables, appelés Nuhull et fabriqués au Canada, ont également été commercialisés dans d'autres régions d'Afrique pour équiper des mini-minoteries, comme dans la région de Sikasso au Mali. Cet équipement, testé au Sénégal, a donné un débit de 100 à 150 kg/h (Mbengue et Havard, 1986) alors que sa capacité théorique est de 200 à 500 kg/h. C'est surtout un matériel destiné aux petites industries de transformation en zones urbaines, car il n'est pas conçu pour être utilisé en prestation de service. En effet, il nécessite une charge minimale de 15 kg alors que les quantités moyennes apportées dépassent rarement 5 kg (Mbengue, 1989). Pour les zones rurales ou les quartiers urbains où le décortiqueur PRL apparaît surdimensionné et économiquement peu viable, certains opérateurs ont développé un matériel plus petit appelé mini-PRL.

Le décortiqueur Mini-PRL

En comparaison au décortiqueur PRL, le décortiqueur Mini-PRL a une longueur diminuée de 90 cm à 30 cm et un nombre de meules réduit de 13 à 5. Plusieurs adaptations locales ont été réalisées en Gambie par le Catholic Relief Services (CRS), au Zimbabwe par l'ONG Enda ou au Sénégal par le CRDI (Centre de Recherche pour le Développement international) en collaboration avec l'ISRA (Institut sénégalais de Recherches agricoles) et l'équipementier SISMAR (Société industrielle sahélienne de mécanique, de matériels agricoles et de représentation) (voir cahier couleur photo 15).

Au Sénégal, le décortiqueur Mini-PRL a été équipé de 8 à 10 disques en résinoïde (voir cahier couleur photo 16). La chambre de décorticage a parfois été divisée en deux compartiments pour permettre un remplissage correct, diminuant ainsi l'usure des disques (Seck, 1989). La chambre de décorticage est pourvue de trappes en partie inférieure pour permettre la vidange du mélange des grains décortiqués et des sons dans un nettoyeur (figure 4.3). Le matériel est entraîné par un moteur thermique de 9 ch ou électrique de 6 kW. Depuis la fin des années 1980, ce décortiqueur, simple et polyvalent, est fabriqué au Sénégal par différents artisans locaux ou par des entreprises de fabrication de matériels agricoles comme la SISMAR.

Le décortiqueur Cirad-Electra

Le décortiqueur Mini-PRL est bien adapté au décorticage des petites quantités de grains, mais le principal inconvénient reste son fonctionnement « en discontinu ». En effet, la transformation de lots successifs

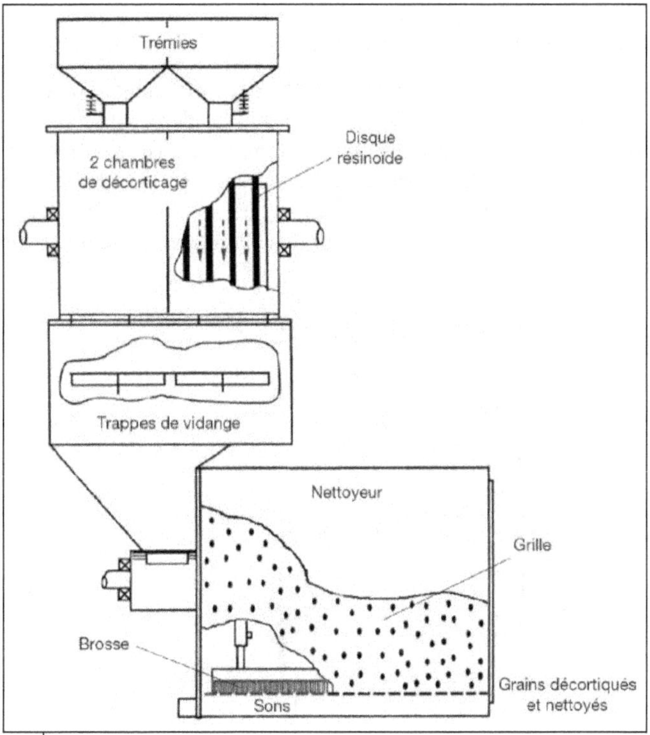

Figure 4.3.
Schéma du décortiqueur Mini-PRL (d'après Bassey et Schmidt, 1990).

ne permet pas de maîtriser en temps réel le degré de décorticage car les grains, enfermés dans la chambre de décorticage, ne sont pas visibles de l'opérateur. Pour pallier cette carence, le Cirad a mis au point, au cours des années 1990, une unité de décorticage « en continu » (Chantereau *et al.*, 2013).

Le décortiqueur à mil et sorgho conçu par le Cirad (figure 4.4) est principalement constitué d'une chambre de décorticage dans laquelle les grains sont décortiqués entre un cylindre abrasif central et une grille métallique. L'ensemble est surmonté d'une trémie d'alimentation. Le transit continu des grains permet à l'opérateur d'apprécier la qualité du travail réalisé et l'obturation réglable de l'orifice de sortie des grains lui permet d'agir à volonté sur leur temps de séjour dans l'appareil et ainsi sur le degré de décorticage (Cruz, 2003). Le décortiqueur, entraîné par un moteur électrique de 5,5 kW, a une capacité voisine de 100 kg/h.

Il est commercialisé par la société Electra (France) sous le nom de décortiqueur DMS500 (voir cahier couleur photos 17 et 18).

Les expérimentations conduites au Mali et au Sénégal au cours des années 1990 sur plusieurs variétés de mils et de sorghos ont donné des résultats jugés satisfaisants par les femmes transformatrices (Cruz et Havard, 1994b). D'autres essais réalisés au Burkina Faso, au Mali et au Cirad de Montpellier ont montré que le décortiqueur DMS500 pouvait être utilisé efficacement sur des légumineuses comme le soja, le niébé ou la lentille.

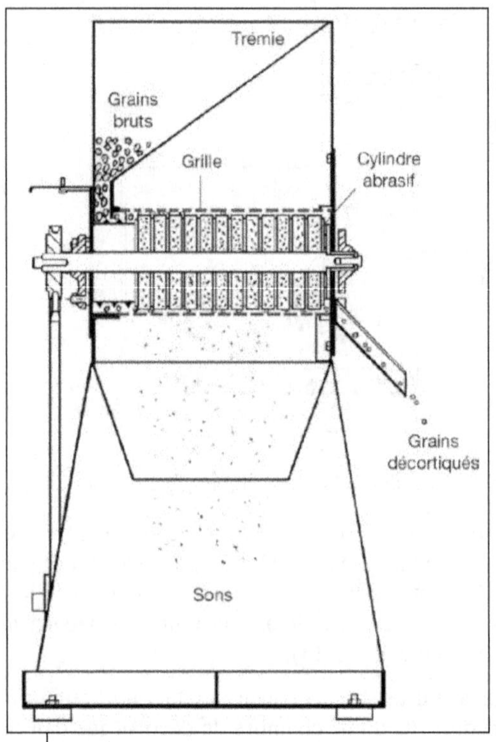

Figure 4.4.
Schéma du décortiqueur Cirad-Electra DMS500 (Cruz, 2003).

Décorticage industriel des mils et des sorghos

En transformation industrielle des mils et sorghos, on peut prévoir l'installation de plusieurs décortiqueurs PRL en parallèle de manière à atteindre des débits de quelques tonnes à l'heure.

Plus récemment, un décortiqueur à céréales a été développé par la société japonaise Sataké pour être utilisé sur différentes céréales dont le sorgho. Il s'agit d'un équipement dont la partie supérieure est constituée d'un cylindre abrasif vertical tournant dans une chambre métallique perforée. En partie inférieure, le décortiqueur est complété par une section dans laquelle un décorticage final est réalisé par friction (figure 4.5). L'utilisation d'un tel matériel semble nécessiter la réhumidification préalable des grains de 1 à 3 % (Kebakile, 2008). Cet équipement a une capacité théorique de 2 à 10 t/h, ce matériel est surtout prévu pour être utilisé en unités industrielles.

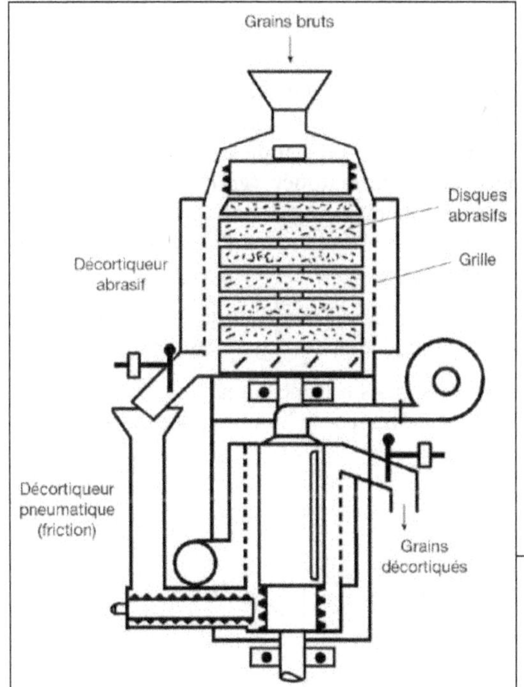

Figure 4.5. Schéma du décortiqueur Sataké (d'après Kebakile, 2008).

Le décorticage du maïs

Le maïs (*Zea mays* L.), céréale originaire d'Amérique centrale et nourriture de base des amérindiens, a été introduit en Europe et en Afrique dès le XVIe siècle. Dans les zones humides et subhumides d'Afrique subsaharienne, c'est la céréale la plus cultivée dans des conditions climatiques très variées où elle constitue la base de l'alimentation de

nombreuses populations. Elle y est consommée sous différentes formes comme les bouillies simples ou en granules, les pâtes, le couscous ou les galettes. Les aliments les plus connus issus du maïs décortiqué sont le *tô*, le *mawé* ou *makumé,* l'*ogui* ou *akassa*, le *yèkè-yèkè* ou couscous de maïs en Afrique de l'Ouest, le *poto-poto* en Afrique centrale, le *uji* en Afrique de l'Est, le *mageu* ou *mahewu* en Afrique australe. Tous ces aliments sont préparés à partir de farines fines ou de semoules plus ou moins grossières obtenues après décorticage et mouture des grains.

Structure physique et composition biochimique du grain de maïs

Structure physique

Les grains de maïs sont des caryopses relativement gros avec un poids de 1000 grains voisin de 300 g (de 200 à 400 g). Leur forme peut être plus ou moins ronde (grain corné) ou parallélépipédique, avec une dépression apicale plus ou moins marquée (grain denté). Selon les variétés, la couleur des grains de maïs est très variable et peut aller du blanc au brun foncé ou pourpre mais le jaune et le blanc restent les couleurs principales.

Le maïs est constitué de l'albumen, du germe et des enveloppes et du funicule qui correspond au point d'attache du grain sur l'épi (figure 4.6).

Comme le mil et le sorgho, le maïs est une céréale à très gros germe puisqu'il représente 11 % du grain avec environ 6 % pour les enveloppes

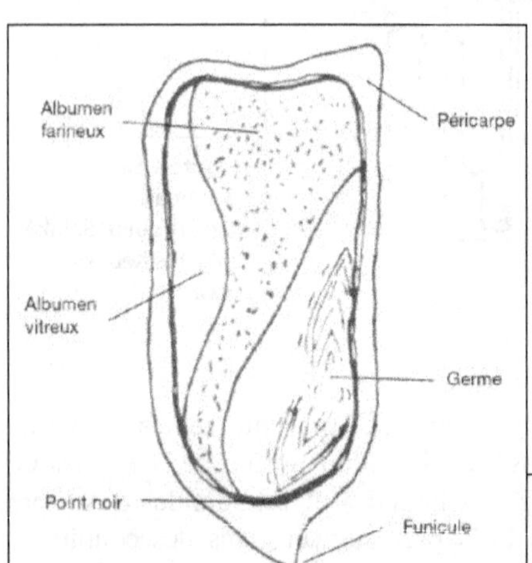

Figure 4.6.
Coupe du grain de maïs denté (Cruz et Allal, 1986).

et 83 % pour l'albumen (tableau 2.1). Le germe est bien enchâssé sur l'un des côtés de l'albumen, proche de la base du grain, ce qui rend le dégermage difficile.

Éléments nutritifs

Le germe est riche en éléments nutritifs. Les moyennes mesurées sur des cultivars africains montrent que le germe est constitué d'environ 8 % d'amidon, 18 % de protéines, 33 % de lipides, 14 % de fibres et 11 % de cendres (minéraux totaux). Le germe est plus riche en vitamines que l'albumen, à l'exception des composés caroténoïdes (provitamine A), qui sont essentiellement présents dans l'albumen des grains jaunes.

Le péricarpe, riche en fibres, est presque totalement éliminé par le décorticage sous forme de sons secs ou humides lors de la transformation des grains pour la réalisation de différents aliments traditionnels comme le *mawé* ou l'*ogui*. Les enveloppes peuvent être riches en composés phénoliques comme les tannins qui sont souvent considérés comme des facteurs anti-nutritionnels.

L'albumen du maïs qui représente la majeure partie du grain est composé d'un albumen vitreux et d'un albumen farineux. Les proportions des deux types d'albumen varient considérablement d'une variété à l'autre et permettent de distinguer les variétés farineuses des variétés vitreuses. On relie souvent le caractère de vitrosité du grain à sa dureté, c'est-à-dire à sa capacité à être broyé au cours du procédé de première transformation. Dans l'albumen farineux, les grains d'amidon sont sphériques et recouverts d'une matrice protéique. La présence d'air interstitiel permet d'expliquer l'opacité de cet albumen. Dans l'albumen vitreux, très compact, les grains d'amidon sont de forme polygonale et intimement soudés par une matrice protéique.

Des corps protéiques sont parfois incrustés en surface des grains d'amidon. La couche à aleurone, monocellulaire, est localisée à la périphérie de l'albumen, excepté au niveau de la région de transfert. Les protéines les plus abondantes dans l'albumen de maïs sont des prolamines appelées zéines.

Techniques de décorticage-dégermage du maïs

Objet du décorticage-dégermage du maïs

Comme pour les autres céréales nues, le décorticage du maïs consiste à éliminer le péricarpe du grain riche en fibres indigestes. Selon le mode de décorticage utilisé, une partie ou la totalité du germe peut aussi être éliminée lors de l'opération. On parle de décorticage-dégermage lorsqu'une méthode de dégermage est associée au décorticage de manière à ôter l'essentiel du germe des grains. Cette élimination du germe, riche en matières grasses, est indispensable pour restreindre le rancissement ultérieur des produits de mouture. Pour éviter que l'oxydation des lipides n'altère les qualités organoleptiques des produits transformés (farine, semoule, gritz) on estime que leur taux résiduel de matières grasses doit être inférieur à 1 %. En Afrique, le mode d'approvisionnement et le développement de l'artisanat alimentaire en milieu urbain nécessitent aujourd'hui des produits de longue durée de conservation, d'où la nécessité de produire des farines stables en conservation sur plusieurs mois. Par ailleurs, il existe un grand nombre d'aliments pour lesquels le décorticage-dégermage est nécessaire. C'est le cas de la farine panifiable ou de biscuiterie, du couscous de maïs, des gritz de brasserie ou de plats traditionnels locaux d'Afrique de l'Ouest comme le *tô* de maïs ou l'*ablo* (petit pain de maïs cuit à la vapeur).

Le décorticage-dégermage du maïs n'est cependant pas une opération systématique en Afrique. Même si elle n'est pas adaptée à une utilisation au-delà de quelques jours, la farine complète de maïs, nutritionnellement plus riche, peut être utilisée pour la réalisation de plats locaux. La farine sèche de maïs entier sert ainsi à la préparation du *wo* (pâte de maïs accompagnée d'une sauce et de viande ou de poisson) dans le golfe du Bénin et la farine humide de maïs entier pour la préparation du *kenkey* (pâte de maïs fermenté) au Ghana.

Décorticage manuel traditionnel du maïs

Le décorticage traditionnel, réalisé au pilon et mortier par les femmes, est généralement précédé d'un trempage rapide ou d'une aspersion d'eau des grains de manière à assouplir les enveloppes et à faciliter le détachement du péricarpe et d'une partie du germe du grain. Les sons sont ensuite séparés de l'albumen par vannage à l'air et/ou lavage à l'eau. En transformation traditionnelle, le travail de décorticage du maïs est habituellement plus long et plus pénible que pour le mil ou le sorgho. Le décorticage est rarement poussé jusqu'au dégermage, car la farine produite ensuite est généralement consommée immédiatement.

Cependant, le développement actuel de la culture du maïs dans de nombreuses régions conduit à prévoir d'autres débouchés que l'autoconsommation des ménages ruraux. La commercialisation et le stockage des farines sur plusieurs semaines, ou encore la fabrication

de gritz de brasserie, nécessitent alors un dégermage systématique. Si cette opération est bien réalisée et maîtrisée au niveau industriel, elle reste une difficulté au niveau artisanal ou semi-industriel.

Encadré 4.1. La nixtamalisation.

En Amérique latine, particulièrement au Mexique, le maïs est couramment décortiqué par voie chimique. Le procédé, très ancien, hérité des populations amérindiennes, est connu sous le nom de nixtamalisation. Les grains de maïs sont cuits quelques heures dans une solution alcaline à 1 % de chaux. Une fraction importante des composés pariétaux du péricarpe est solubilisée au cours de cette cuisson. Le péricarpe devenu ainsi fragile et délitescent est alors facilement éliminé par simple frottement des grains les uns contre les autres au cours de l'étape de rinçage. On obtient ainsi le nixtamal qui est un grain précuit complètement décortiqué mais non dégermé. Les pertes en éléments nutritifs au décorticage sont faibles, variant de 9 à 17 % (Diop *et al.*, 1997). De plus, le procédé de nixtamalisation permettrait de transformer la niacine ou vitamine B3 en une forme assimilable. La biodisponibilité de la vitamine B3 aurait ainsi épargné de la pellagre les populations consommatrices de maïs nixtamalisé. Cette maladie due à la malnutrition est liée à une carence en vitamine B3 et en tryptophane.

Cette cuisson alcaline du maïs entre notamment dans le processus de fabrication de la tortilla, galette qui est un composant primordial de l'alimentation mexicaine. Bien que l'utilisation d'alcali tel que la cendre de bois soit assez fréquente en Afrique de l'Ouest, les quelques tentatives d'introduction du procédé de nixtamalisation n'ont pas connu un large succès malgré la grande diversité de préparations culinaires que l'on obtient après broyage du maïs nixtamalisé (Mestres et Ferré, 1993). La pâte obtenue à partir de maïs nixtamalisé permet, en effet, d'élaborer d'une large gamme de produits de grignotage (notamment chips et tacos). À la faveur de l'urbanisation et de l'attrait des consommateurs pour de nouveaux produits et pour des produits de grignotage, ce procédé pourrait connaître un regain d'intérêt comme c'est déjà le cas en Europe avec le développement des produits apéritifs de l'alimentation de rue (camion-restaurant) et de la restauration à thème.

Mécanisation du décorticage-dégermage du maïs

Différents équipements ont été développés et utilisés au niveau artisanal pour effectuer le décorticage-dégermage mécanique du maïs légèrement humidifié.

Le décortiqueur Engelberg

Le décortiqueur Engelberg déjà décrit précédemment (figure 3.6) est parfois utilisé pour le décorticage du maïs (voir cahier couleur photo 19). Le rendement en gritz à la sortie du décortiqueur est voisin de 80 %. Après le lavage, la mouture au moulin à meules et le séchage, on obtient un rendement en farine voisin de 70 %. Avec cet équipement rustique, la qualité du décorticage n'est pas toujours régulière et la nécessaire réhumidification préalable des grains de maïs entraîne souvent une détérioration prématurée de la machine par oxydation des éléments métalliques.

Le moulin à meules

Le principe de fonctionnement est le même que celui du décorticage manuel traditionnel. Les grains rapidement humidifiés sont concassés entre les meules d'un moulin. On obtient un mélange de gritz, de sons (péricarpe et une partie des germes) et de farine fine qui sont séparés par vannage.

Les femmes relavent ensuite les gritz qui sont malaxés entre leurs mains pour permettre la séparation des germes. Les gritz dégermés sont mélangés à la farine puis moulus finement. La farine obtenue est souvent humide et doit être séchée pour obtenir du *gambari lifin* utilisé pour préparer une pâte légèrement acide appelée *tô* dans les pays du Sahel. Le rendement en farine obtenu avec cette technique est d'environ 65 %. La farine peut également être l'objet d'une fermentation après ajout d'eau jusqu'à 45 %. La pâte fermentée ainsi obtenue, appelée *mawé*, sert à la préparation de plusieurs aliments fermentés (bouillies et pâtes) très appréciés dans les pays du golfe du Bénin.

Le décortiqueur à abrasion

Le décortiqueurs à meules ou à disques résinoïdes de types PRL ou mini-PRL (figure 4.7) présentés précédemment sont également utilisés pour le décorticage du maïs. C'est ainsi que des décortiqueurs PRL fabriqués au Canada sous la marque Nuhull ont équipé des miniminoteries de la région de Sikasso au Mali à la fin des années 1980. Ces machines, qui fonctionnent par abrasion, ne permettent qu'un dégermage partiel du produit mais restent utilisables pour la production de produits tout-venant destinés à l'autoconsommation. Cependant, elles ne sont pas à recommander pour l'équipement des minimaïzeries qui visent à mettre sur le marché des produits de qualité spécifique comme les gritz de brasserie dont la teneur en lipides doit être inférieure à 0,5 %.

Le décortiqueur à couteaux

Depuis de nombreuses années, des constructeurs brésiliens (figure 4.8) ont proposé sur le marché sud-américain des dégermeurs artisanaux de

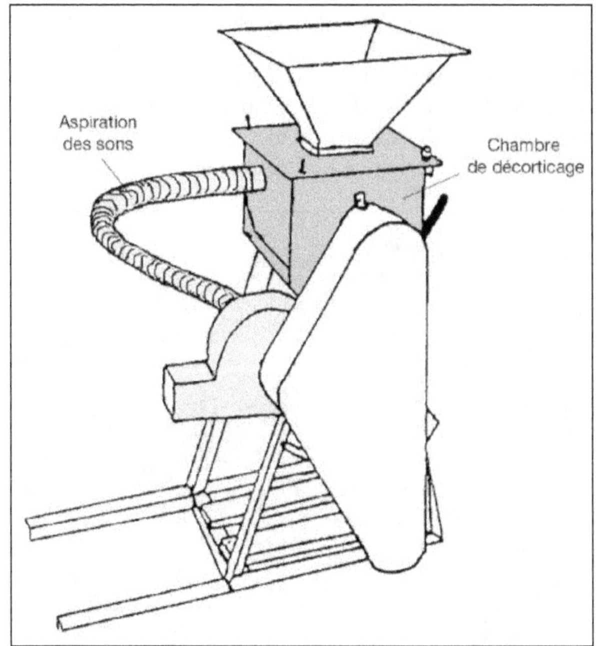

Figure 4.7.
Schéma du décortiqueur à disques type mini-PRL (d'après ECM, Sénégal).

100 à 500 kg/h fonctionnant en discontinu ou en continu. La machine est constituée d'un rotor muni de couteaux qui permettent le décorticage et le dégermage des grains. La chambre de décorticage est équipée en partie inférieure d'une grille perforée pour permettre l'évacuation des sons. À l'issue de l'opération, une trappe de vidange permet de libérer le mélange (grains et brisures) sur une table vibrante constituée de deux grilles superposées. La première grille retient les grains entiers alors que la seconde grille, plus fine, retient les brisures (gritz) et laisse passer les germes et les sons résiduels.

Des machines de ce type ont été testées au Burkina Faso et au Bénin au début des années 2000 (voir cahier couleur photo 20). Les essais ont montré qu'elles permettent d'effectuer un dégermage efficace du maïs à une humidité de 13 % environ en adoptant des charges de 13 à 15 kg et une durée de séjour de 7 min. Mais cet un équipement est conçu pour le décorticage-dégermage des variétés dites « dures » de maïs, avec des rendements apparents de l'ordre de 65 %. Les taux de fibres brutes et de matières grasses des farines de maïs décortiqué et dégermé ainsi obtenus sont généralement inférieurs à 1 %. Le débit de la machine est voisin de 150 kg/h. La fabrication de ce matériel en Afrique devrait favoriser le développement de petites entreprises de transformation du maïs capables de mettre sur le marché des produits de première transformation de bonne qualité.

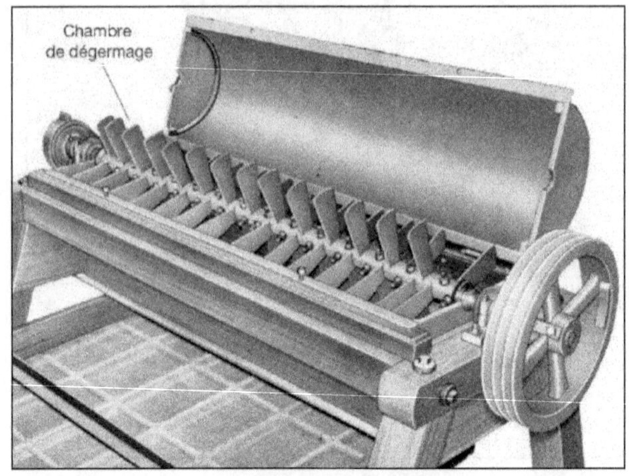

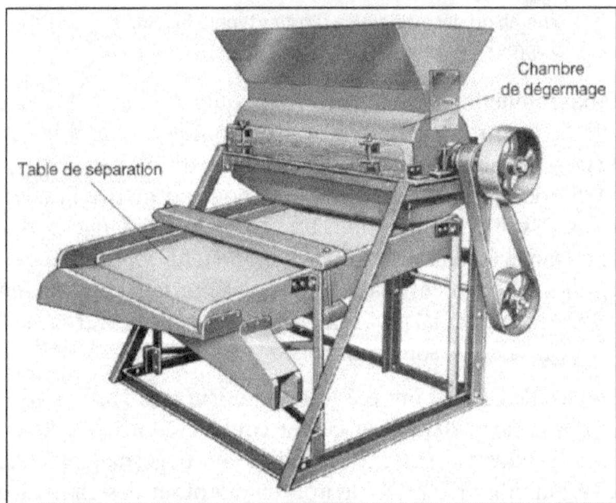

Figure 4.8.
Dégermeur à couteaux brésiliens
(document Maquina d'Andréa et Lucato).

Le dégermage industriel

Le dégermage industriel du maïs constitue une étape dans le procédé de production de gritz de maïs. Les grains subissent une réhumidification préalable jusqu'à un taux de 20 à 23 % avec un ressuyage de 8 à 24 h pour permettre une bonne répartition de l'eau dans le grain (Willm, 1991). La technique la plus classique consiste ensuite à faire passer les grains dans un appareil à cylindres cannelés. Les cylindres tournent en sens inverse à des vitesses différentes pour faciliter la fragmentation des grains par cisaillement et permettre de bien séparer les germes des amandes. L'optimisation de la transformation, basée sur l'utilisation des grains durs préférés aux grains tendres, permet d'obtenir des rendements en gritz proches de 60 % avec une teneur en lipides inférieure à 0,8 %.

Qualité du décorticage-dégermage

Ainsi, selon le type de première transformation et le degré de décorticage-dégermage du maïs, les caractéristiques sensorielles (texture, goût), nutritionnelles (teneur en macro- et micronutriments) et technologiques (rendement, comportement rhéologique, aptitude à la conservation) des produits dérivés sont modifiées. Le décorticage permettra de diminuer la teneur en composés pariétaux non digestibles comme les fibres et souvent préjudiciables à la texture en bouche du plat final ; toutefois, il s'accompagne souvent d'une élimination de la couche à aleurone, riche en protéines et en matières minérales et d'un dégermage partiel. L'élimination du germe abaisse la teneur en vitamines, en cendres et en protéines et notamment l'efficacité protéique du produit, mais, par la délipidation induite, il permet de conserver plus longtemps le produit, qui est ainsi moins sujet au rancissement (Bricas *et al.*, 1995).

Le décorticage du fonio

Le fonio blanc (*Digitaria exilis*) est surtout produit en Guinée où il constitue une des nourritures de base dans le Fouta Djalon. On le cultive également dans d'autres pays comme le Nigeria, la Côte d'Ivoire, le Mali, le Burkina Faso, le Niger, le Sénégal, le Bénin ou le Togo. Longtemps négligée par la recherche agronomique, cette petite graminée est en réalité très appréciée des populations locales en raison de sa précocité en période de soudure et de ses qualités gustatives. Principalement consommé sous forme de couscous ou de bouillie, le fonio connaît aujourd'hui un regain d'intérêt en raison de ses qualités nutritionnelles et de la diversification recherchée par les consommateurs urbains.

Son principal handicap est la très petite taille de son grain qui rend les opérations de transformation longues et pénibles (figure 4.9 et cahier couleur photo 1). Les caractéristiques du fonio et les techniques de transformation sont décrites en détail dans l'ouvrage « Le fonio, une céréale africaine » (Cruz *et al.*, 2011).

Figure 4.9.
Grains de fonio paddy (© Jean-François Cruz, Cirad).

Structure physique et composition biochimique du grain de fonio

Structure physique

Comme le riz, le fonio est une céréale dite « vêtue » car les grains, après battage, restent entourés de glumes et glumelles et on les qualifie alors de fonio paddy (voir figure 4.9 et cahier couleur photo 21). Ces grains ont une forme ovoïde, légèrement aplatie sur le dos. Ils sont de très petite taille (leur longueur est d'environ 1,8 mm et leur largeur de 0,9 mm) et le poids de 1 000 grains est en moyenne de 0,5 g.

Après élimination des balles, le grain nu obtenu est un caryopse formé des enveloppes (péricarpe et couche à aleurone), du germe relativement gros et de l'albumen (figure 4.10). Le grain de fonio décortiqué, également appelé fonio complet, a un péricarpe brillant de couleur blanche à jaune jusqu'à violette selon les variétés. Il ne mesure que 1,4 à 1,5 mm de long, 0,8 à 0,9 mm de large et 0,6 mm d'épaisseur.

Composition en éléments nutritifs

Pour ses principales composantes, le fonio décortiqué a une composition comparable à celle des autres céréales nues (tableau 2.2) : 85 % de glucides, 3,5 % de lipides, 10 % de protides et 1 % de matières minérales.

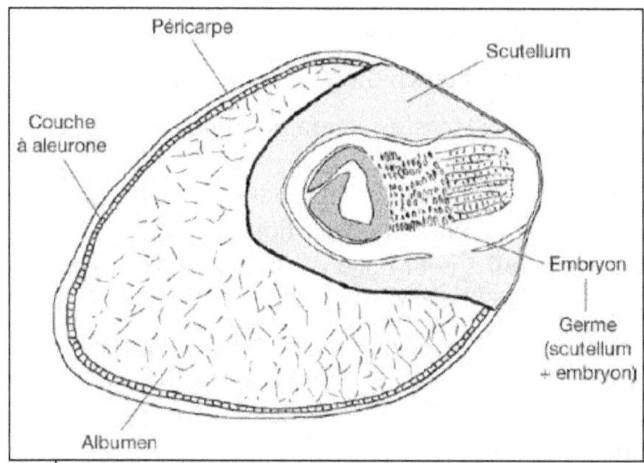

Figure 4.10.
Coupe schématique du caryopse de fonio
(© Jean-François Cruz, Cirad).

Le fonio décortiqué semble légèrement plus riche en amidon (68 % MS) que le sorgho et le mil (60-65 % MS), avec une teneur en amylose voisine de 24 % MS.

La teneur en fibres totales (cellulose, hémicellulose et lignine), proche de 7 à 8 % MS, est équivalente à celle des mils et sorghos. Les teneurs respectives en hémicellulose et cellulose sont semblables et proches de 3 à 4 % MS.

La teneur en sucres libres est voisine de 1 % MS (Fliedel *et al.,* 2004). La teneur en lipides (3,3 à 3,8 % MS) est comparable à celle du sorgho et légèrement inférieure à celle du mil ou du maïs (4 à 4,5 % MS). Les principaux acides gras présents sont insaturés, surtout représentés par l'acide linoléique C18:2 (45 %) et l'acide oléique C18:1 (31 %), alors que le principal acide gras saturé est l'acide palmitique C16:0 (17 %).

Le fonio décortiqué a un taux de protéines équivalent à celui du riz cargo (10 % MS), légèrement inférieur à celui du mil, du sorgho et du maïs (11 à 12 % MS). Chez le fonio comme chez le riz, les glutélines sont majoritaires alors que les prolamines ne représentent qu'environ 5 % des protéines totales (Jideani *et al.,* 1994). Le fonio n'entraîne pas d'intolérance pour les patients atteints de la maladie cœliaque. Après blanchiment, la composition en acides aminés du fonio reste équilibrée avec une richesse particulière en acides aminés soufrés. Sa richesse en méthionine (0,42 % MS) est pratiquement le double de celle du mil ou du maïs et le triple de celle du riz.

Transformation du fonio

Objet du décorticage-blanchiment

Comme pour le riz, la transformation du fonio nécessite la succession de deux opérations (figure 4.11) :

– le décorticage qui permet d'enlever les balles du grain vêtu pour obtenir le caryopse nu ou fonio décortiqué ;

– le blanchiment qui a pour objet d'éliminer le péricarpe et le germe pour obtenir le fonio blanchi.

Dans le cas du riz, l'association des deux opérations est appelée usinage. Dans le cas du fonio, il serait préférable de la qualifier de « mondage » car les opérations sont essentiellement réalisées en milieu domestique ou artisanal.

Pour le calcul des rendements, on utilise les mêmes formules que celles décrites pour le riz (voir chapitre 3, la section « Rendement à l'usinage » page 47). Ainsi, à partir du fonio paddy, les rendements potentiels sont les suivants :

Rendement en fonio décortiqué = 77 %

Rendement en fonio blanchi = 68 %

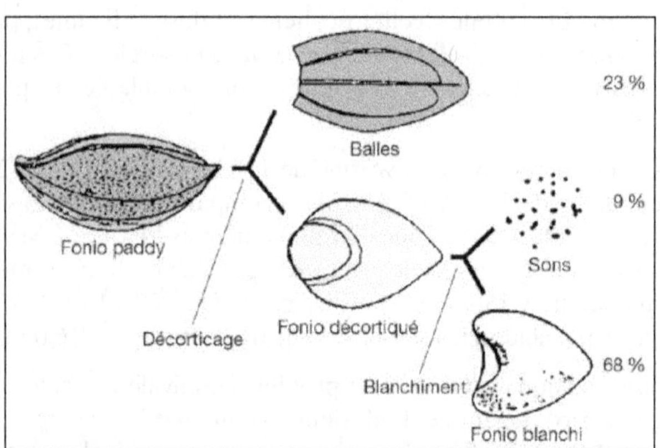

Figure 4.11.
Diagramme de transformation du fonio (© Jean-François Cruz, Cirad).

Décorticage manuel du fonio

Le décorticage et le blanchiment du fonio sont des opérations traditionnellement réalisées par les femmes au moyen de mortiers et de pilons en bois (figure 5.2). Pour obtenir un fonio décortiqué destiné

à la vente, les femmes effectuent trois à quatre pilages successifs entrecoupés de vannages. Un dernier pilage permet ensuite d'obtenir le fonio blanchi. Le débit unitaire du décorticage traditionnel reste très faible puisqu'il dépasse rarement 1 à 1,5 kg/h. Les femmes expérimentées qui pratiquent le décorticage à titre professionnel sont généralement plus performantes, car elles peuvent transformer 2 à 3 kg à l'heure, mais elles arrêtent souvent l'opération avant que les grains ne soient réellement blanchis.

Partout, le décorticage traditionnel au pilon et mortier est l'objet d'un travail long et harassant réalisé par les femmes, qui nécessite un effort disproportionné en comparaison des faibles quantités obtenues. Il génère de nombreuses poussières (balles, débris végétaux) qui occasionnent de fortes démangeaisons oculaires. La pénibilité de la transformation du fonio a été une des principales raisons de l'abandon de sa culture dans de nombreuses régions. Pour contrecarrer la régression constante et inquiétante du fonio à la fin du siècle dernier et répondre à la demande des transformatrices, il est apparu nécessaire de mécaniser le décorticage qui constituait le principal goulet d'étranglement de la filière.

Mécanisation du décorticage du fonio

Le décortiqueur Sanoussi

L'un des premiers décortiqueurs à fonio a été le décortiqueur Sanoussi conçu et fabriqué au Sénégal au début des années 1990. La machine est constituée d'une chambre métallique tronconique dans laquelle tournent deux palettes recouvertes de caoutchouc pour faciliter la friction des grains et l'usure des couches périphériques (figure 4.12). La machine est entraînée par un moteur électrique de 1,5 kW ou thermique de 5 ch. Le matériel fonctionne en discontinu par lot de 2,5 à 3 kg de fonio à transformer. Les essais du décortiqueur Sanoussi réalisés au cours de l'année 2000 par le laboratoire de l'Institut d'Économie rurale (IER) du Mali ont permis d'obtenir un débit voisin de 20 kg/h avec un rendement total de 61,4 % (Cruz *et al.*, 2000). Un autre essai réalisé en 2001 par l'Institut national de Recherche agricole du Bénin (INRAB) a donné un débit voisin de 10 kg/h avec un rendement total de 56,6 % (Houssou et Klotoe, 2001).

Cette machine, de faible capacité, a surtout le mérite d'avoir été pionnière, mais reste peu diffusée, sauf peut-être au Sénégal. De nombreuses transformatrices, qui mettent en doute la qualité du travail réalisé, l'ont aujourd'hui abandonnée car elles la considèrent comme dépassée en raison de ses modestes performances techniques.

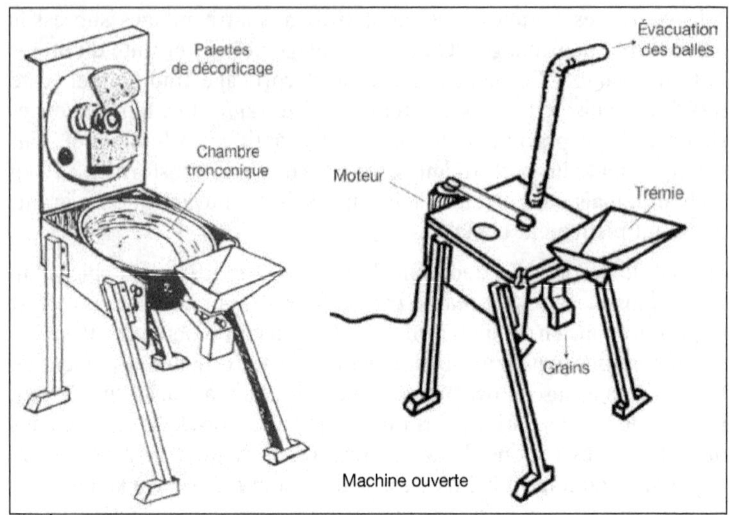

Figure 4.12.
Le décortiqueur Sanoussi (d'après document Sanoussi).

Le décortiqueur GMBF

Au début des années 2000, un décortiqueur a été conçu par le Cirad et ses partenaires africains pour permettre la transformation du fonio. Ce matériel a été nommé GMBF pour « Guinée, Mali, Burkina, France » afin de rappeler la collaboration des différents pays.

Le décortiqueur GMBF, de type Engelberg, est constitué d'un cylindre métallique nervuré tournant dans un tube métallique composant la coque de la machine (figure 4.13). La chambre de décorticage est équipée d'une barre métallique réglable qui assure le rôle de frein et, en sortie, d'une trappe de réglage du débit (Marouzé *et al.*, 2005). Le décorticage-blanchiment du fonio est obtenu par friction des grains entre eux. L'intensité du décorticage et du blanchiment est réglée par l'ouverture plus ou moins prononcée de la trappe de sortie. Le décortiqueur GMBF est entraîné par un moteur électrique de 5,5 à 7,5 kW pour une utilisation en zone urbaine ou par un moteur thermique de 15 ch pour une utilisation en zone rurale non électrifiée (voir cahier couleur photo 22).

Le matériel est généralement utilisé comme décortiqueur-blanchisseur pour transformer du fonio paddy en fonio blanchi. La transformation peut être réalisée en un seul passage ou en deux passages successifs si

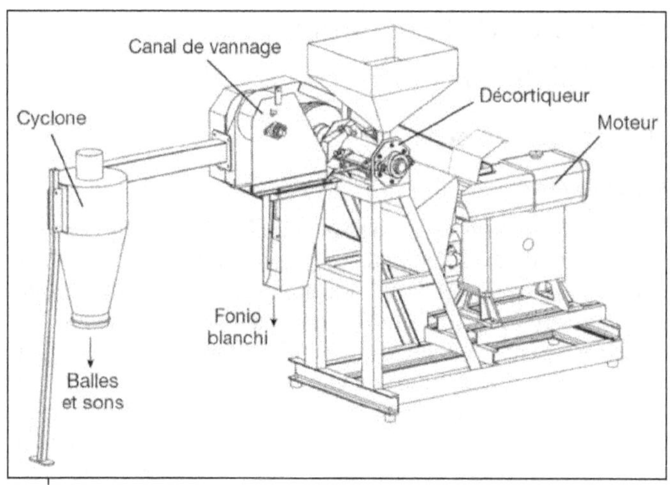

Figure 4.13.
Le décortiqueur GMBF avec canal de vannage (© Patrice Thaunay, Cirad).

l'on souhaite récupérer séparément les sous-produits (balles et sons). Pour obtenir un produit propre, on utilise un canal de vannage directement en sortie de la machine. Les sous-produits sont aspirés par le flux d'air et sont récupérés au niveau d'un cyclone alors que les grains tombent par gravité dans un récipient placé sous le canal de vannage.

Au début des années 2000, des essais du décortiqueur GMBF ont été réalisés en conditions réelles en zone rurale et en zone urbaine dans des petites entreprises au Mali, au Burkina Faso et en Guinée. Ils ont permis de transformer plusieurs dizaines de tonnes de fonio et les résultats obtenus en termes de débit (100 kg/h), de rendement (> 65 %) et de qualité des produits transformés ont été jugés très satisfaisants par les opérateurs locaux et notamment par les femmes (Cruz, 2004).

Les décortiqueurs à fonio GMBF sont actuellement fabriqués au Mali et au Burkina Faso par différents petits constructeurs locaux d'équipements. En raison de la très petite taille des grains de fonio, ces constructeurs doivent disposer de machines-outils performantes (tours notamment) pour réaliser un usinage très précis de la machine afin d'éviter les fuites de grains. Ils doivent également choisir des aciers très résistants à l'usure et assurer une bonne qualité d'exécution pour que les équipements soient conformes aux plans de fabrication (Marouzé *et al.*, 2005).

Le décorticage de légumineuses : néré, niébé, soja

Décorticage du néré

Les graines de néré

Le néré (*Parkia biglobosa*) est un arbre de la famille des Mimosacées très répandu en Afrique de l'Ouest dans les zones de savanes guinéennes et soudaniennes (Arbonnier, 2019). La graine de néré fait l'objet d'importantes transactions et son aire de consommation dépasse les régions productrices. D'une longueur moyenne comprise entre 7,5 et 9 mm, d'une largeur entre 6 et 7 mm et d'une épaisseur moyenne de 3 à 4 mm, la graine de néré se caractérise par un poids de 1 000 grains compris entre 176 et 217 g (Koura *et al.,* 2014). Pour obtenir les graines, il est tout d'abord nécessaire de procéder à un écossage des gousses et à la séparation de la pulpe qui entoure les graines.

Le néré est utilisé en pharmacopée traditionnelle et surtout en alimentation humaine et sa transformation par décorticage, cuisson et fermentation conduit à un condiment, emblématique de l'Afrique de l'Ouest, appelé *soumbala* au Burkina Faso ou au Mali, *soumbara* en Guinée et en Côte d'Ivoire, *nététou* au Sénégal, *afitin, iru* ou *sonru* au Bénin et *dawadawa* au Nigeria.

Avec des fortes teneurs en protides (35 %) et en lipides (29 %), ce condiment présente un intérêt nutritionnel certain. Le décorticage de la graine qui constitue l'opération la plus fastidieuse du procédé traditionnel de transformation du néré en condiment limite considérablement son développement.

Le décorticage traditionnel

Selon les pays, le mode opératoire peut varier mais celui qui est pratiqué en Casamance (figure 4.14) est assez représentatif du processus de transformation de la graine de néré en condiment. Ce processus dure plusieurs jours et des différences peuvent porter sur la durée de certaines opérations unitaires et sur les quantités d'intrants (bois, eau, sable, sel) utilisées.

Le décorticage traditionnel commence toujours par une longue cuisson à l'eau de 10 h à près de 24 heures (voir cahier couleur photo 23). Les graines cuites, égouttées et encore tièdes sont placées dans des mortiers pour être pilées ou étalées sur une surface dure et saupoudrées de

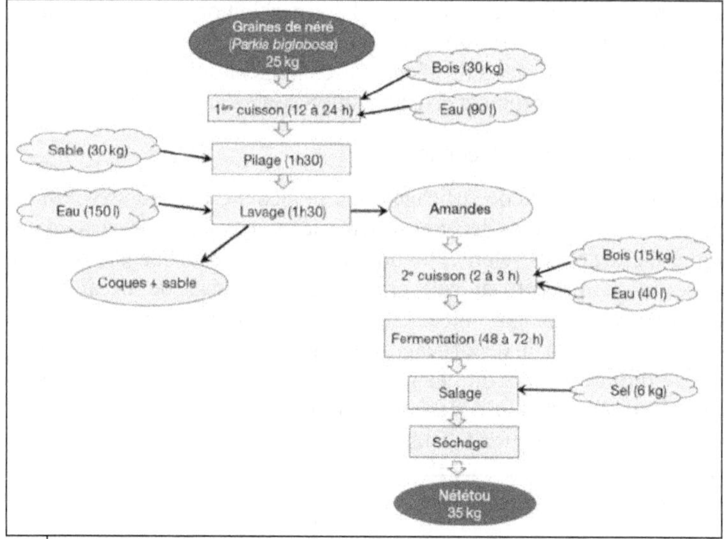

Figure 4.14.
Diagramme de transformation du néré (d'après Ferré et Muchnik, 1993).

sciure de bois ou de sable pour être foulées aux pieds. Le pilage, ou foulage, est suivi d'un lavage afin de séparer les enveloppes ramollies des cotylédons. Évaluée lors des suivis de production, réalisés en Casamance, l'opération de lavage nécessite à elle seule près de 150 litres d'eau (Ferré et Muchnik, 1993).

Le processus de transformation peut néanmoins varier selon les pays ou les régions de production. Au Bénin, par exemple, le rinçage de 30 kg de graines nécessite 50 à 80 litres d'eau (Ahouansou, 2012). Les cotylédons et les coques issus des graines cuites sont séparés des graines non cuites non ou mal décortiquées par densité dans une solution aqueuse de terre argileuse. Un second lavage est alors nécessaire pour séparer les cotylédons triés de cette terre argileuse et des impuretés restantes. Les graines non ou mal décortiquées, piégées dans la boue, sont récupérées et soumises à une nouvelle cuisson séparée ou intégrée dans un nouveau cycle de production.

La contrainte du décorticage est un facteur extrêmement limitant qui hypothèque le développement de ce condiment fermenté emblématique de l'Afrique. Dans les années 1990, on constatait déjà l'utilisation de graines de soja en substitut ou en complément aux graines de néré dans la fabrication de l'*afitin* au Bénin (Gutierez, 2000). Cette pratique s'est

largement répandue, accentuée par la disparition progressive des nérés (Floquet, 2006). Il est probable que sans un appui fort, notamment à la mécanisation de cette tâche, ce condiment soit progressivement remplacé par des produits de substitution comme le soja ou l'arachide.

La mécanisation du décorticage

La mécanisation du décorticage du néré a connu plusieurs évolutions au cours des dernières décennies et, dès les années 1980, des recherches ont été entreprises selon deux orientations : le décorticage à sec et le décorticage après étuvage des graines. Tous les essais de mécanisation avaient pour principal objectif de réduire la durée, la pénibilité et le coût économique du décorticage. Il s'agissait notamment de supprimer ou de réduire la cuisson des graines avant décorticage, très consommatrice de bois de feu, et le triage-lavage des cotylédons qui nécessite beaucoup d'eau (figure 4.15).

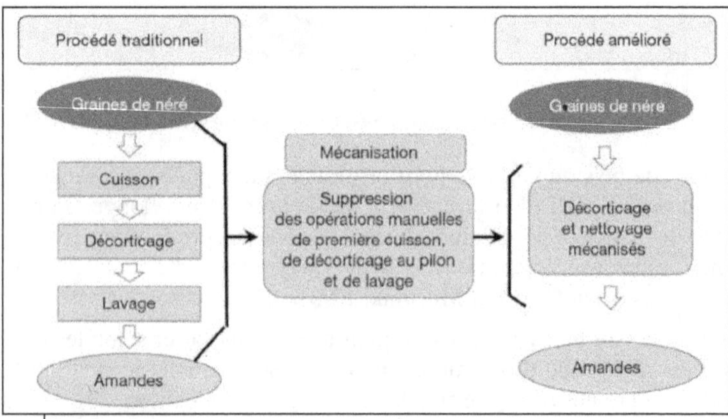

Figure 4.15.
Diagramme de la mécanisation du décorticage du néré (d'après Ferré et Muchnik, 1993).

Le décortiqueur Cirad

Le décortiqueur à néré, conçu par le Cirad au début des années 1990, est constitué de deux plateaux métalliques horizontaux, de 250 mm de diamètre, revêtus de tôles en acier trempé anti-abrasion et perforées au diamètre de 12 mm (voir cahier couleur photo 24). Le plateau inférieur mobile (ou rotor) tourne sous le plateau supérieur fixe (ou stator) relié au châssis (figures 4.16.1 et 4.16.2). L'écartement et le parallélisme entre les plateaux sont réglables. L'alimentation est réalisée au centre

du plateau supérieur et les graines qui progressent entre les plateaux par la force centrifuge sont décortiquées par cisaillement. En sortie du décortiqueur, le mélange d'amandes et de coques tombe dans un canal de vannage qui permet de séparer d'une part les coques et les fines brisures et d'autre part les amandes et les graines non décortiquées.

Le décortiqueur à néré a été testé dans la région du Fogny au Sénégal car, à cette époque, la transformation du néré en *nététou* constituait une importante activité économique pour de très nombreux groupements de femmes de Basse-Casamance. Les essais réalisés en collaboration avec l'Isra (Institut sénégalais de Recherches agricoles) et une organisation paysanne locale, le Comité d'action pour le développement du Fogny, ont permis d'obtenir un débit de 76 kg/h avec un taux de décorticage supérieur à 70 %. Le décortiqueur est équipé d'un système de ventilation qui permet de séparer les amandes des coques (Ferré et Muchnik, 1993). Au Sénégal, le décortiqueur a également été testé sur des graines de *Sump* (*Balanites aegyptiaca*). Les essais réalisés en collaboration avec l'ONG Enda-Graf ont permis d'obtenir un taux de décorticage supérieur à 90 % avec un débit de 60 kg/h.

Le décortiqueur à néré Cirad a été modifié par le département de Mécanique de l'Institut de Recherche des Sciences appliquées et de Technologie (Irsat) du Burkina Faso. Les modifications ont porté sur le canal de vannage et l'utilisation d'un seul moteur pour permettre le décorticage et le nettoyage. Des opérations supplémentaires de nettoyage et de criblage des graines, de trempage des graines pendant 5 h suivi d'un séchage au soleil pendant 4 h, ont permis d'améliorer les performances de l'équipement qui se résument à un débit de 100 kg/h, un rendement moyen de 55 % et un taux d'efficacité de 83 %.

En Afrique, la prise de conscience croissante des risques liés à une consommation trop importante de « bouillons cubes » et autres exhausteurs de goût s'accompagne d'un regain d'intérêt pour l'utilisation de condiments naturels tels que le *soumbala*. Dans ce contexte, il paraît important de pouvoir relancer des recherches techniques sur cet équipement de décorticage du néré, afin de développer sa fabrication locale et sa diffusion en Afrique. La valorisation des graines de néré est également un moyen de préserver un arbre aux multiples usages pour les populations rurales.

Décorticage du niébé

Le niébé (*Vigna unguiculata* (L.) Walp.), aussi appelé cornille ou dolique à œil noir, fait partie des légumineuses alimentaires qui

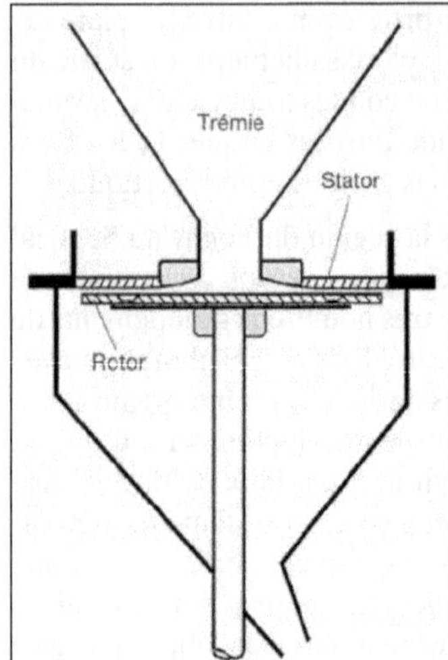

Figure 4.16.1.
Schéma de principe du décortiqueur à néré.

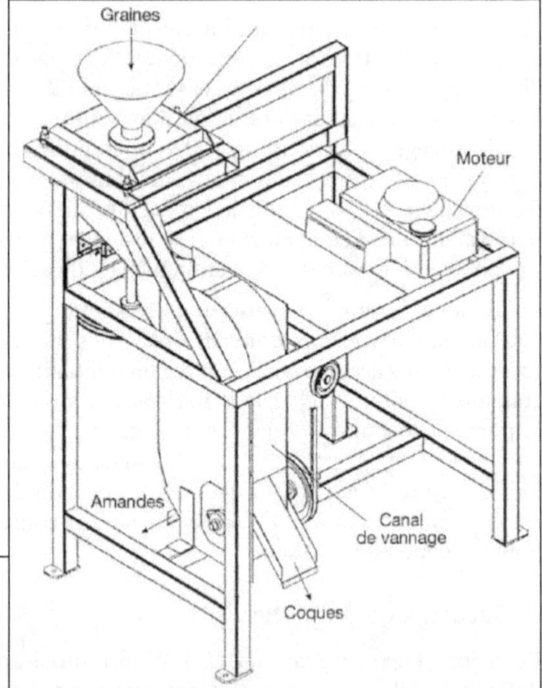

Figure 4.16.2.
Vue d'ensemble du décortiqueur à néré (© Patrice Thaunay, Cirad).

constituent un ensemble diversifié de plantes composées essentiellement de légumes secs à graines. La consommation des légumes secs en Afrique subsaharienne est l'une des plus importantes au monde avec près de 13 kg/personne/an contre 3 kg/personne/an en Amérique du Nord et en Europe (Mouquet-Rivier et Amiot, 2019). En Afrique, cette légumineuse rentre dans la composition de très nombreux plats traditionnels appréciés des consommateurs. Ainsi, au Bénin, près de 18 formes différentes de consommation du niébé ont été recensées dont une majorité est obtenue à partir des graines (Madodé *et al.*, 2011). Dans ce pays, les deux préparations les plus consommées sont l'*abobo* qui est une sorte de ragoût de niébé et les *ata* qui sont des beignets de niébé. On retrouve ces mêmes préparations dans la plupart des pays consommateurs de niébé sous d'autres dénominations, comme au Burkina Faso où elles sont respectivement appelées *benga* et *samsa*. Certaines de ces préparations originaires du golfe du Bénin se retrouvent également au Brésil comme le célèbre beignet *acarajé* de la ville de Salvador. Ce produit emblématique a valu aux femmes bahianaises productrices d'*acarajé* d'être inscrites au patrimoine immatériel brésilien en 2004 (Bitter et Bitar, 2012).

En Afrique, les activités de transformation du niébé sont un moyen de subsistance pour une multitude d'artisanes de l'alimentation de rue. Les préparations à base de niébé constituent également des ressources alimentaires primordiales et accessibles pour les populations vulnérables. Sa richesse en protéines (20 à 35 %) en fait un substitut moins onéreux que la viande et sa richesse en fibres et en vitamines (folates) contribue également à son intérêt nutritionnel. Le niébé présente toutefois deux inconvénients majeurs comme la présence de facteurs d'inconfort (alpha-galactosides) provoquant des désordres digestifs et une durée de préparation importante induisant de lourdes pertes nutritionnelles dont certaines vitamines.

Le décorticage manuel du niébé

Traditionnellement, l'opération de décorticage est effectuée par voie humide grâce à un trempage préalable des graines qui permet le gonflement des cotylédons et le décollement des téguments. Après trempage du niébé durant un temps qui peut varier de 30 min à plusieurs heures, le décorticage est réalisé manuellement en brassant et en frottant les graines. Les téguments du niébé flottants sont progressivement éliminés par la transformatrice. Le trempage et le décorticage contribuent à améliorer la digestibilité du niébé en agissant sur l'élimination des facteurs anti-nutritionnels.

Comme pour de nombreuses autres légumineuses, le grillage des graines en les exposant à de fortes températures est également utilisé dans le cas du niébé pour décoller les téguments et faciliter la séparation d'avec les cotylédons.

La mécanisation du décorticage du niébé

Compte tenu de son intérêt nutritionnel et économique, le développement de la consommation du niébé est un enjeu stratégique pour l'Afrique. Ce constat peut être généralisé à la plupart des légumes secs à travers le monde. Toutefois, la durée importante des opérations de transformation du niébé lors de certaines préparations risque de détourner les consommateurs de son utilisation.

En Afrique, les solutions de décorticage mécanique actuellement disponibles pour les transformateurs restent peu nombreuses. La plupart du temps, les artisanes préparatrices de beignets de niébé réalisent auparavant un concassage grossier à sec en ayant recours aux prestataires de services installés dans les quartiers ou sur les marchés et qui sont équipés de petits moulins motorisés. Ces broyeurs à meules métalliques, étant aussi utilisés pour la mouture de condiments, doivent la plupart du temps être utilisés en fin de journée après un nettoyage préalable des meules. Le concassage à sec du niébé en un seul passage permet d'obtenir des fractions grossières de cotylédons que l'on peut assimiler à des gritz. La séparation des téguments et des gritz s'opère ensuite par trempage, friction et brassage manuel énergique de manière identique au procédé traditionnel.

Depuis quelques années déjà, un peu partout en Afrique, des petites entreprises de transformation proposent des produits intermédiaires tels que de la farine de niébé utilisable pour la production de beignets. Certaines de ces entreprises sont toutefois freinées dans leur développement principalement en raison de l'absence d'équipement de décorticage accessible et réellement adapté à leurs besoins. Le décorticage du niébé requiert encore de très nombreuses opérations manuelles. La farine de niébé décortiqué issue de ces unités n'est accessible que pour un petit nombre de consommateurs et demeure trop coûteuse pour les milliers d'artisanes de l'alimentation de rue.

Il existe pourtant des solutions techniques de fabrication locales et disponibles, comme le décortiqueur Mini-PRL, conçu pour le décorticage des céréales qui, dès le milieu des années 1980, a été testé avec satisfaction sur le niébé (Bassey et Schmidt, 1990). Le décortiqueur

DMS500, qui lui aussi a été initialement conçu pour le décorticage du mil et du sorgho, peut également être utilisé sur d'autres petites graines comme le niébé (Chantereau *et al.,* 2013).

Décorticage du soja

Le soja (*Glycine max*), comme le niébé et le néré, appartient à la famille des légumineuses. Sa graine constitue la source de protéine végétale la plus consommée au monde. En Afrique, c'est l'utilisation de l'huile de soja qui a connu le plus fort développement comme en témoigne le nombre d'unités industrielles et de mini-huileries qui se sont développées au cours des dernières décennies. Pendant longtemps, diverses institutions de recherche et de nombreuses ONG ont tenté d'introduire de nouvelles préparations culinaires à base de soja sans réelle réussite. À la faveur de l'urbanisation et des changements de pratiques alimentaires qu'elle induit, ces préparations connaissent depuis une dizaine d'années un succès croissant. Ainsi au Bénin, la fabrication artisanale de produits comme le fromage et l'*afitin* de soja connaît une diffusion à très grande échelle. Sur la base d'un savoir-faire préexistant, issu de la transformation du lait, du maïs ou du néré, les transformatrices ont su s'approprier des recettes de préparation du soja et adapter leurs produits à base de soja aux habitudes alimentaires du pays. Ces produits s'intègrent dans les pratiques de consommation des urbains et des ruraux (Floquet *et al.,* 2015).

Le décorticage manuel du soja

Le décorticage du soja peut être effectué par voie humide après trempage, à l'instar du processus décrit pour le niébé, mais il peut également être réalisé par grillage à sec. Les transformatrices procèdent alors à un grillage à haute température dans une marmite en veillant à ne pas brûler les graines. Ce traitement thermique qui dure au moins une vingtaine de minutes permet de sécher et de fragiliser les téguments et facilite ainsi le décollement des cotylédons. Après ce grillage, les graines de soja sont concassées grossièrement à l'aide d'un petit moulin manuel ou d'une pierre à moudre. La dernière opération consiste à séparer, par vannage, les téguments des fractions de cotylédons concassés.

La mécanisation du décorticage du soja

Les équipements de prétraitement ou de décorticage à petite échelle les plus couramment rencontrés en Afrique sont des grilloirs rotatifs, utilisables également pour l'arachide, et les moulins manuels ou motorisés qui permettent un concassage grossier comme indiqué pour le niébé. Dans le cas du soja, comme pour le niébé, les décortiqueurs Mini-PRL et DMS500 ont donné des résultats satisfaisants (Chantereau *et al.*, 2013).

Photo 1.
Comparaison de la taille de différents grains de céréales (© Jean-François Cruz, Cirad).

Photo 2.
Grains de riz paddy (© Christian Poisson, Cirad).

Photo 3.
Grains de maïs blanc, de sorgho rouge et de blé (© Jean-François Cruz, Cirad).

Photo 4.
Grains de niébé brun (© Jean-François Cruz, Cirad).

Photo 5.
Nettoyeur rotatif (© Michel Rivier, Cirad).

Photo 6.
Canal de vannage (© Claude Marouzé, Cirad).

Photo 7.
Aire de séchage du riz paddy étuvé en Guinée (© Jean-François Cruz, Cirad).

Photo 8.
Séchoir à claies CSec-T pour produits transformés (© Thierry Ferré, Cirad).

Photo 9.
Décortiqueur artisanal Engelberg (© Jean-François Cruz, Cirad).

Photo 10.
Décortiqueur Engelberg transporté sur une charrette pour des prestations de village en village (© Jean-François Cruz, Cirad).

Photo 11.
Unité compacte d'usinage du riz au Burkina Faso (© Jean-François Cruz, Cirad).

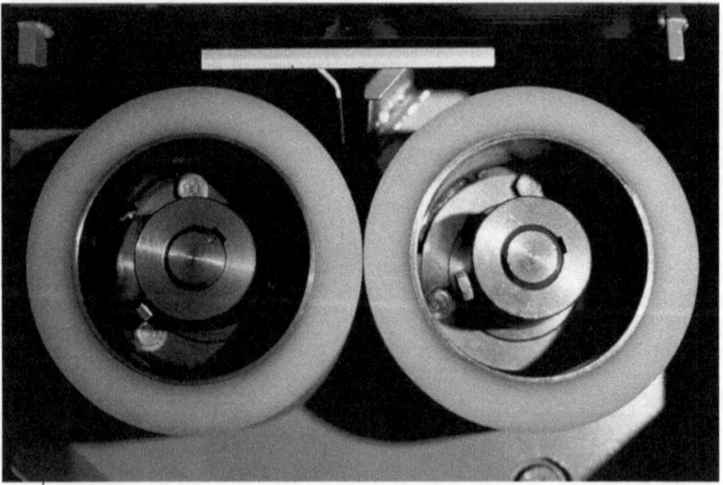

Photo 12.
Rouleaux caoutchouc d'un décortiqueur à riz (© Jean-François Cruz, Cirad).

Photo 13.
Minirizerie avec deux unités compactes en parallèle (© Jean-François Cruz, Cirad).

Photo 14.
Riz blanc obtenu avec une unité compacte (© Jean-François Cruz, Cirad).

Photo 15.
Décortiqueur Mini-PRL au Sénégal (© Jean-François Cruz, Cirad).

Photo 16.
Chambre de décorticage avec disques abrasifs (© Jean-François Cruz, Cirad).

Photo 17.
Décortiqueur à céréales et légumineuses Cirad-Electra (© Jean-François Cruz, Cirad).

Photo 18.
Module mobile avec décortiqueur et broyeur (© document Electra).

Photo 19.
Décorticage du maïs à l'Engelberg (© Jean-François Cruz, Cirad).

Photo 20.
Dégermage du maïs au Burkina Faso (© Thierry Ferré, Cirad).

Photo 21.
Grains de fonio et de fonio sauvage (© Jean-François Cruz, Cirad).

Photo 22.
Ensemble de décortiqueurs à fonio GMBF avec moteur thermique (© Thierry Ferré, Cirad).

Photo 23.
Transformation traditionnelle du néré (© Thierry Ferré, Cirad).

Photo 24.
Prototype du décortiqueur à néré (© Jean-François Cruz, Cirad).

Photo 25.
Moulin à marteaux ouvert (© Jean-François Cruz, Cirad).

Photo 26.
Mouture au moulin à marteaux (© Jean-François Cruz, Cirad).

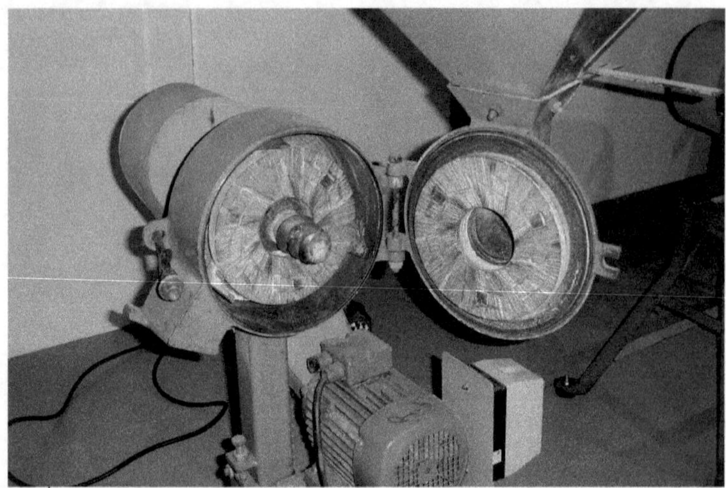

Photo 27.
Moulin à meules verticales (© Jean-François Cruz, Cirad).

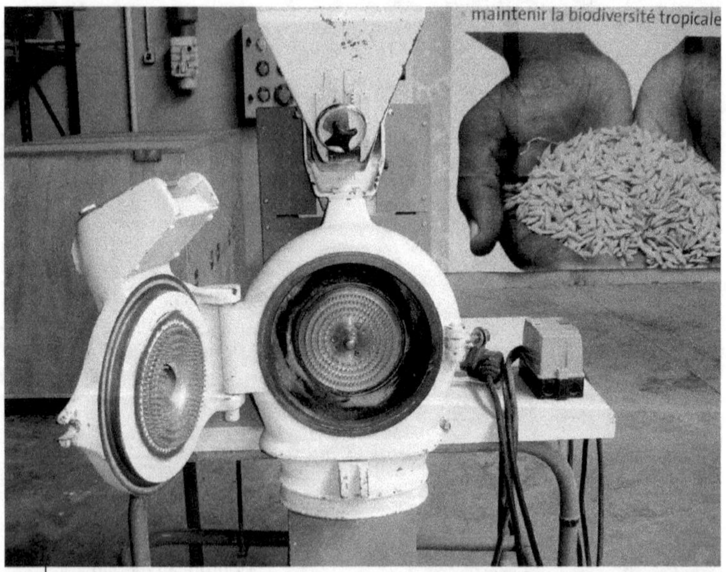

Photo 28.
Moulin à aiguilles ouvert (© Jean-François Cruz, Cirad).

Photo 29.
Roulage manuel pour l'élaboration de granules (© Audrey Chazal, Cirad).

Photo 30.
Précuisson des granules en couscoussier (© Audrey Chazal, Cirad).

Photo 31.
Torréfaction du soja pour la fabrication de farines infantiles au Burundi (© Jean-François Cruz, Cirad).

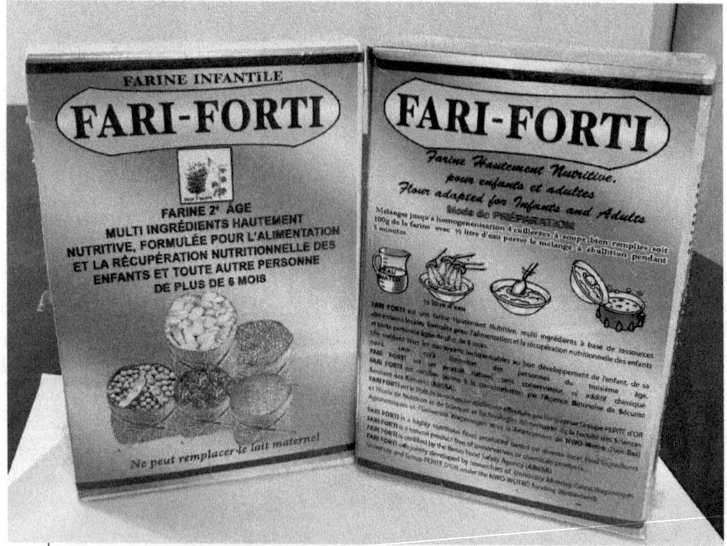

Photo 32.
Paquet de farine infantile vendue au Bénin (© Joseph D. Hounhouigan, FSA).

5. Mouture et broyage des grains

La plupart des grains sont broyés, pilés ou moulus et tamisés pour donner une farine plus ou moins blutée (FAO, 2002). Il s'agit ici essentiellement des grains de céréales et de légumineuses. Le taux d'humidité des grains joue un rôle important dans la durée de conservation et le goût final de la farine produite. Plus une farine est sèche et plus sa durée de conservation est longue. Il est donc important d'utiliser un équipement adapté au broyage des grains secs. Le taux d'humidité acceptable est de 12 à 13 % (Sanogo, 1994).

Les différents types de mouture

Pour les céréales, l'obtention de farine ou de semoule de qualité, c'est-à-dire la récupération de la quasi-totalité de l'albumen débarrassé de ses enveloppes et de son germe, passe par des opérations spécifiques qui dépendent essentiellement des caractéristiques physiques des grains (voir chapitre 4). Selon l'utilisation ultérieure des farines, une attention particulière doit être portée au taux d'humidité, au taux d'impureté, aux défauts et aux diverses caractéristiques physiques des grains. Les farines infantiles nécessitent une mouture fine et sèche pour permettre une bonne conservation. La finesse de cette mouture, contrôlée par tamisage, est importante car plus la granulométrie de la farine est fine et plus elle est assimilable par l'enfant. Suivant le type de moulin, la mouture peut être effectuée en deux ou trois passages successifs pour obtenir une finesse satisfaisante.

Selon chaque type de grain, il peut exister différents types de transformation primaire :
- mouture sèche pour le blé ;
- mouture sèche, semi-humide ou humide précédée d'un dégermage pour le maïs ;
- mouture sèche précédée du décorticage pour le mil et le sorgho.

Mouture sèche pour le blé

La mouture sèche est bien adaptée au blé. En raison de la présence d'un sillon dans la structure du grain de blé, la mouture consiste en une ouverture des grains par broyage entre de gros cylindres métalliques cannelés tournant en sens inverse à des vitesses différentes (Godon et Willm, 1991). L'opération est répétée plusieurs fois sur des cylindres de plus en plus rapprochés et avec des cannelures de plus en plus fines. Les produits de mouture obtenus sont ensuite séparés par blutage sur des tamis vibrants appelés plansichter puis les semoules sont épurées par sassage sur des sasseurs qui permettent un classement aérodynamique des particules. L'obtention d'un maximum de farine passe ensuite par les opérations de claquage et de convertissage qui consistent à faire passer respectivement les particules moyennes et fines venant de la tête de broyage sur des séries de cylindres lisses. Dans le cas du blé dur, après les opérations de broyage et de blutage, l'opération de sassage devient prioritaire pour obtenir des semoules d'une grande pureté (Abecassis, 1991). Aujourd'hui, en Europe, on assiste ça et là au retour à la mouture sur des meules en pierre pour l'obtention de farines complètes traditionnelles désirées par certains consommateurs.

Mouture du maïs

En maïserie, la mouture sèche du maïs vitreux pour l'obtention de semoules ou de gritz nécessite un dégermage préalable en raison de la présence d'un très gros germe enchâssé dans l'albumen du grain. Après élimination du germe, le grain subit une mouture proche de celle du blé dur. L'importance du dégermage a été soulignée notamment dans le cas de produits destinés à la vente et susceptibles d'être stockés sur une période relativement longue. Un dégermage efficace indispensable à l'obtention de gritz de brasserie à moins de 1 % de matière grasse nécessite souvent une humidification préalable des grains à une humidité de 20 à 23 %. On parle alors de mouture semi-humide (Willm, 1991). En amidonnerie, la mouture, dite humide car les grains sont portés à 45 % d'humidité, est précédée d'un dégermage. Elle est adaptée au maïs farineux pour l'obtention d'un lait d'amidon et de protéines.

En Amérique centrale, on fait cuire partiellement le maïs dans une solution alcaline (à base de chaux ou de cendres) pour faciliter l'élimination du son avant la mouture. Cette opération, la nixtamalisation (voir encadré 4.1 p. 85), améliore la valeur nutritionnelle en transformant la vitamine B3 en une forme assimilable qui épargne de la pellagre les populations consommatrices de maïs nixtamalisé (Faure, 1991).

Au Nord Cameroun, on parle de « mouture discontinue du maïs » parce que le concassage et la mouture sont effectués en deux temps, soit

manuellement, soit mécaniquement. Les grains dépelliculés et dégermés sont séparés du péricarpe et du germe par vannage manuel puis lavés par trempage dans l'eau. Les techniques de mouture discontinue ont donc l'avantage, par rapport aux autres méthodes de mouture, de fournir une farine plus blanche, car mieux décortiquée et de conservation relativement aisée. L'humidité du grain au moment de la mouture est un facteur important dans la conduite de l'opération de broyage et détermine la finesse de la farine. Le trempage des grains décortiqués avant mouture est une opération à proscrire, car outre son influence non significative sur la friabilité du grain, elle provoque un lessivage plus ou moins poussé des substances nutritives (Ndjouenkeu *et al.*, 1989).

Mouture du mil et du sorgho

Pour les céréales comme le mil et le sorgho, il est nécessaire de réaliser un décorticage préalable à la mouture (voir chapitre 4). Contrairement au blé ou au maïs, le péricarpe des grains de mil et de sorgho est très friable et il est pulvérisé en fines particules lorsque le grain est écrasé (Abecassis *et al.*, 1978). Il est alors impossible de séparer ces particules de « son » du reste de la farine par tamisage. Le décorticage, adapté au mil et au sorgho en raison de leur grain lisse, consiste en une usure des grains de l'extérieur vers l'intérieur, suivie éventuellement d'un broyage de l'albumen en farine ou semoule (Chantereau *et al.*, 2013). Lors du décorticage, il faut veiller à bien éliminer les couches périphériques du grain (péricarpe et testa) et le germe, tout en minimisant les pertes de certaines parties de l'albumen. La présence de fibres et de tannins dans la farine affecte la qualité de cuisson, le goût et la texture de l'aliment. Ainsi par exemple, un *tô* de sorgho sera d'autant plus ferme que la teneur en cendres et en protéines de la farine est faible (FAO, 1994).

Dans certains cas, les grains sont cuits avant l'opération de mouture comme en Côte d'Ivoire pour la préparation de la farine dite *mime*. Les grains de mil devenus jaunes après une cuisson à sec sont broyés sur une pierre plate ou au mortier et au pilon en bois ou avec un moulin à marteaux (Aboua *et al.*, 1989).

Mouture de produits gras

Les graines grillées d'arachide et les graines décortiquées de karité peuvent être réduites en pâte entre les meules d'un moulin qui sert également à la mouture des céréales, mais, pour le karité, les opérations qui réclament le plus d'efforts et de temps sont le concassage et

l'écrasement au mortier et l'affinage à la pierre. Pour ces opérations, on peut utiliser un moulin approprié, à meules de corindon pour éviter toute oxydation du beurre, à réserver à ce seul usage. Le moulin idéal serait le moulin à broches en acier inoxydable utilisé pour le broyage de la fève de cacao.

Les matériels de mouture

La mouture traditionnelle

Dans certains pays, la mouture est encore traditionnellement effectuée par broyage à la pierre (figure 5.1) ou au mortier et pilon en bois (figure 5.2). Cette mouture manuelle peut être réalisée avec les grains entiers, mais le plus souvent elle l'est après décorticage, vannage et lavage des grains décortiqués. Effectuée quotidiennement par les femmes, cette opération est longue et fastidieuse et sa réalisation est de moins en moins acceptée par les ménagères notamment en milieu urbain.

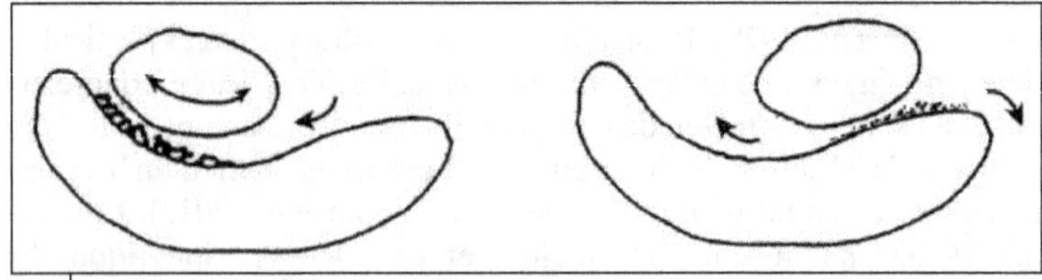

Figure 5.1.
Moulin en pierre à molette (© Jean-François Cruz, Cirad).

Figure 5.2.
Pilon et mortier
(© Jean-François Cruz, Cirad).

La mécanisation de cette opération initiée au cours du XXe siècle a beaucoup allégé le travail des femmes. Des moulins ou broyeurs, entraînés par moteur thermique ou électrique, sont aujourd'hui utilisés dans les villes et dans de très nombreux villages. Au niveau artisanal, on distingue habituellement plusieurs types de petits moulins dont les plus fréquents sont les moulins à meules et les moulins à marteaux ou broyeurs.

Les broyeurs à cylindres métalliques cannelés ou lisses habituellement utilisés pour la mouture des grains dans les installations industrielles ne sont pas abordés; ils sont présentés dans l'ouvrage de Godon et Willm (1991) « Les industries de première transformation des céréales ».

Les moulins à meules

Les moulins à meules sont les matériels de mouture les plus anciens. Ils sont constitués de deux meules, l'une fixe et l'autre mobile, dont l'écartement réglable permet l'obtention de farines plus ou moins fines. Les moulins à meules motorisés sont largement répandus en Afrique depuis plus de 70 ans où ils sont très appréciés pour leur polyvalence. Ils sont ainsi utilisés pour moudre des produits secs mais également des grains humides et des graines oléagineuses (arachide, karité).

Le broyage est effectué par écrasement des grains entre les deux surfaces abrasives que constituent les meules. Les moulins les plus anciens sont les moulins à meules horizontales. Ils sont constitués de deux grosses meules, généralement en pierre, avec une meule supérieure fixe dite « gisante », creuse et fixée au carter du moulin et une meule inférieure mobile dite « tournante » ou « courante » qui est solidaire d'un axe vertical en rotation (figure 5.3). Les grains, placés dans la trémie d'alimentation, chutent par gravité dans la chambre de broyage en traversant le cœur creux de la meule fixe. Par l'effet de la force centrifuge, et guidés par les cannelures des meules, les grains progressent ensuite entre les deux meules où ils sont écrasés pour ressortir en particules fines en périphérie des meules. La mouture est alors récupérée au niveau de la bouche de sortie. Le temps de passage entre les meules est suffisamment long pour permettre l'obtention d'une farine homogène.

Les moulins à meules horizontales, souvent en pierre, sont généralement très robustes mais lourds et encombrants et leur fabrication complexe augmente leur coût. Aujourd'hui, on leur préfère souvent les moulins à meules verticales, plus légers, plus faciles à nettoyer et à réparer et généralement moins coûteux.

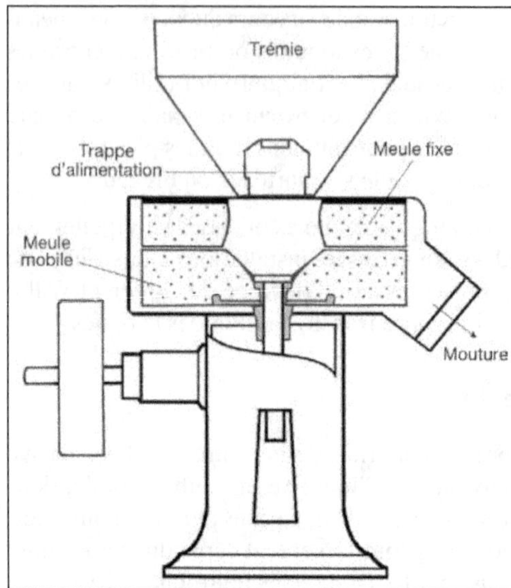

Figure 5.3.
Schéma du moulin à meules horizontales (© Jean-François Cruz d'après Cneema).

Les moulins à meules verticales sont généralement de taille plus modeste. La meule gisante (meule fixe) est fixée à la face avant du carter, montée sur charnière, qui permet d'ouvrir le moulin pour le nettoyage (voir cahier couleur photo 27). La meule tournante (meule mobile) est solidaire d'un axe entraîné par un moteur thermique ou électrique (figures 5.4, 5.5, 5.6 et 5.7).

Les meules sont des disques abrasifs comportant des rainures ou rayons d'alimentation qui répartissent les grains sur toute leur surface travaillante. Ces rayons, profonds vers le centre, pour permettre l'entrée des grains, s'amenuisent graduellement vers la périphérie afin d'améliorer la finesse de la mouture. Les rainures permettent également l'aération de la mouture qui évite une élévation excessive de température due au frottement des meules et le brunissement des farines. Il existe un grand nombre de dispositions des rayons dont certaines sont illustrées en figure 5.6. Les matériaux utilisés pour la fabrication des meules sont couramment la fonte aciérée pour les meules métalliques et le corindon ou le carbure de silicium pour les meules en abrasif reconstitué. Les moulins en fonte aciérée sont solides et souvent moins coûteux mais présentent un risque accru d'échauffement de la mouture. Ils nécessitent généralement un second passage pour obtenir une farine suffisamment fine. En Afrique, les moulins à meules métalliques sont les plus appréciés du fait de leur robustesse et de leur polyvalence.

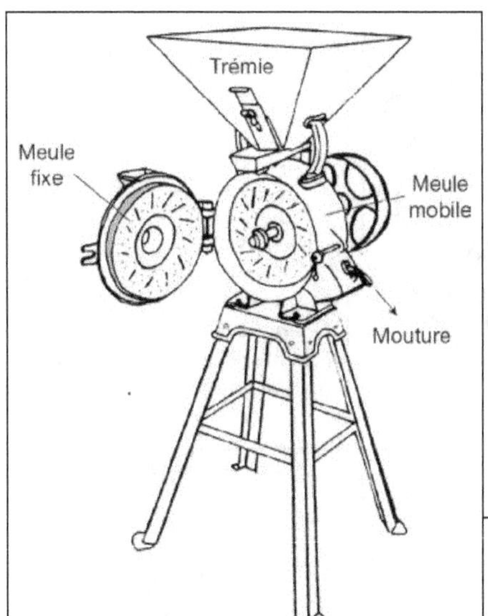

Figure 5.4.
Moulin ouvert (d'après document Renson).

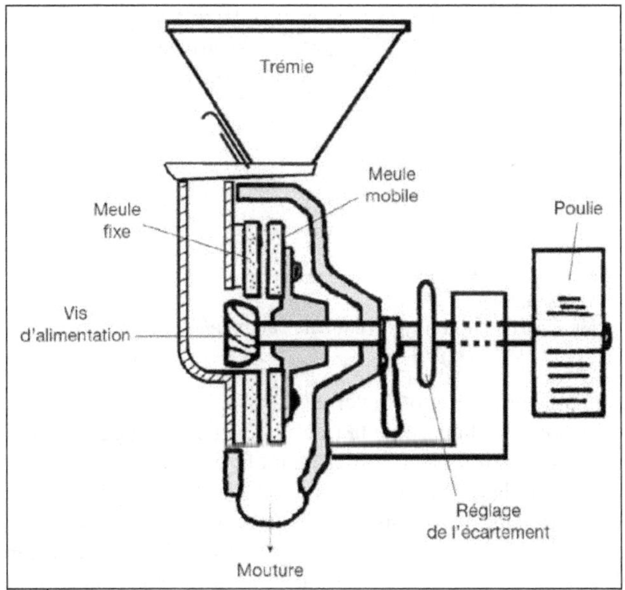

Figure 5.5.
Moulin à meules verticales (© Jean-François Cruz d'après Cneema).

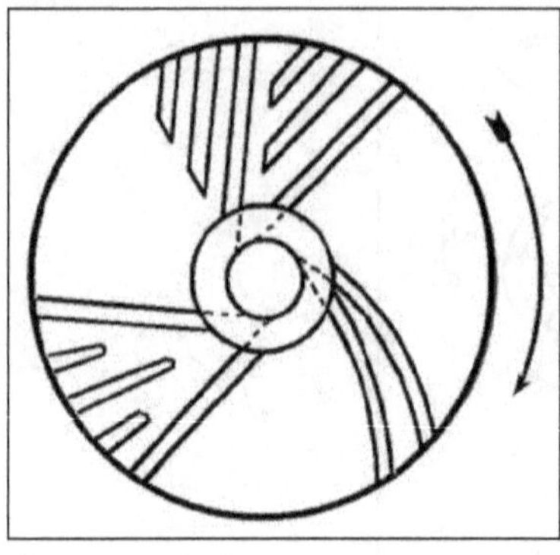

Figure 5.6.
Schéma de quelques types de rayons (© Jean-François Cruz, Cirad).

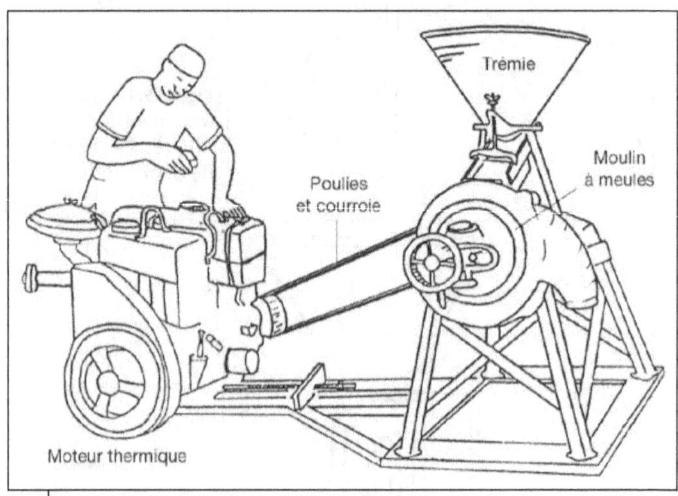

Figure 5.7.
Moulin à meules villageois entraîné par moteur thermique (d'après UNCC, Niger).

Les grains à moudre sont déversés dans la trémie d'alimentation et une vanne située à la base de la trémie permet le réglage du débit des grains. Les grains tombent dans la chambre de broyage au travers de la meule fixe dont la partie axiale est creuse. Par l'effet de la force centrifuge et par gravité, les grains progressent entre les deux meules où ils sont écrasés pour ressortir en farine en périphérie. Le produit moulu tombe par gravité en partie inférieure de la machine où il peut être récupéré. Le réglage de l'écartement des meules détermine la finesse de la farine. Plus les meules sont rapprochées et plus la farine est fine

mais avec un débit diminué. Un mauvais réglage peut produire une mouture incomplète, l'usure prématurée des meules lorsque celles-ci frottent l'une contre l'autre et une diminution brusque du débit due à l'engluement des produits sur les meules.

Avec l'usure des meules, il est nécessaire de retailler périodiquement les rayons. Cette opération dite de « rhabillage des meules » est réalisée par des spécialistes après la mouture de quelques tonnes de grains.

La puissance absorbée par un moulin à meules dépend de différents paramètres :
- le débit d'alimentation du grain. La puissance requise peut varier du simple au triple suivant le débit que l'on souhaite obtenir. Les débits réels obtenus sont souvent inférieurs à ceux qui sont annoncés par les constructeurs. Les débits couramment rencontrés en fonctionnement en continu sont de 100 à 300 kg/h pour les types courants de moulins entraînés par un moteur diesel (respectivement 4 à 10 ch) ou un moteur électrique (3 à 7 kW) ;
- la vitesse de rotation de la meule mobile. Selon les constructeurs, elle est le plus souvent comprise entre 400 et 800 tr/min. Les vitesses proposées par les constructeurs sont des vitesses moyennes que l'on peut soit réduire pour améliorer la qualité de la mouture, soit augmenter pour accroître le débit mais au risque d'un échauffement de la mouture ;
- le diamètre des meules. Pour les moulins à meules verticales, le diamètre des disques est fréquemment de 200 à 300 mm. Les grandes meules absorbent une plus grande puissance ;
- le nombre de rayons ou rainures des meules. Un nombre de rayons important permet d'accroître le débit mais requiert une puissance plus grande ;
- l'écartement des meules. À débit égal, des meules rapprochées requièrent une puissance très grande ;
- la nature du produit à moudre. Le maïs est moulu plus rapidement que les autres céréales ;
- le taux d'humidité des céréales. Le débit du moulin est réduit de moitié si le taux d'humidité des grains est de 15 % plutôt que de 10 %. Une trop forte humidité des grains diminue le débit en colmatant les meules par encrassement des rainures.

Les moulins à meules, qui sont souvent plus chers que les broyeurs à marteaux, ont l'inconvénient de nécessiter un démontage quasi complet pour assurer un bon nettoyage de la machine. L'entretien des pièces travaillantes consiste au rhabillage ou au changement des meules.

Les opérations de montage, habillage et rhabillage des meules sont des opérations difficiles généralement réalisées par des spécialistes. Le montage, le réglage et l'état des meules ont une influence directe sur la qualité et la finesse de la mouture. Il est difficile d'évaluer la durée de vie des meules mais, dans des conditions normales d'utilisation, on estime souvent qu'elle correspond à la mouture d'une trentaine de tonnes. Généralement, le moulin à meule coûte plus cher que le broyeur à marteaux.

Cas particuliers de moulins à meules

Moulin manuel

Certains constructeurs proposent des petits moulins à meules à entraînement manuel (figure 5.8). Le diamètre des disques est de 90 à 100 mm et les débits obtenus varient de 10 à 30 kg/h selon la finesse de mouture désirée. Leur diffusion est néanmoins limitée car le travail exigé pour tourner la manivelle est harassant et la qualité de la mouture obtenue n'est pas souvent satisfaisante. Ces moulins de petite taille sont parfois entraînés par un petit moteur électrique monophasé de 0,5 ch et peuvent être utilisés pour la mouture de produits autres que les céréales, comme les condiments ou les épices.

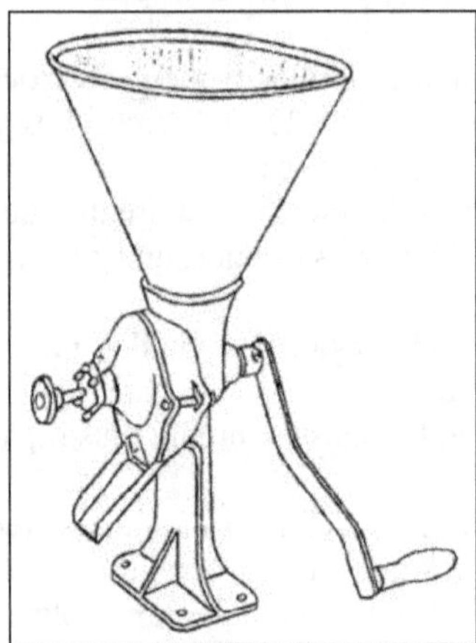

Figure 5.8. Moulin familial (d'après document Champenois).

Moulins à traction animale

Des unités constituées d'un moulin à meules verticales en corindon entraîné par un manège à traction animale ont été testées au Burkina Faso et au Sénégal, mais sans succès à cause du faible débit obtenu

et de la nécessité de posséder un âne pour entraîner le manège. Le débit observé pour ce type de moulin était d'environ 15 kg/h, soit un débit de 90 à 120 kg/j en supposant que le manège puisse travailler de 6 à 8 h/j, ce qui nécessitait l'utilisation de plusieurs ânes. La mouture du maïs nécessitait deux à trois passages au moulin pour obtenir la farine de granulométrie souhaitée, ce qui diminuait d'autant leur capacité horaire.

Les broyeurs à marteaux

Les broyeurs à marteaux sont plus récents que les moulins à meules et nécessitent obligatoirement un entraînement motorisé. Ils sont de conception simple, polyvalents, robustes et d'un entretien très facile mais restent exigeants en énergie. Les grains ne sont pas écrasés mais éclatés par choc avec les marteaux articulés tournant à grande vitesse (3 000 tr/min ou plus) dans une chambre de broyage (voir cahier couleur photos 25 et 26). La partie inférieure de la chambre de broyage est constituée d'une grille perforée qui permet l'évacuation de la mouture par gravité (figure 5.9).

Le corps du broyeur est généralement réalisé en plaques d'acier mécano-soudées permettant ainsi une fabrication locale et une réparation aisée par des artisans spécialisés. Des carcasses en fonte étaient autrefois utilisées pour accroitre l'inertie du moulin et diminuer les vibrations, mais les risques de fissuration de la carcasse étaient alors importants.

La chambre de broyage est parfois équipée de plaques d'usure. Ces obstacles, placés en partie supérieure de la chambre, servent d'enclumes pour accroître la pulvérisation des grains.

Les marteaux sont des éléments métalliques, mobiles ou fixes, montés sur un rotor entraîné par l'arbre. Selon les constructeurs, le nombre de marteaux peut varier de 6 à 24 pour des puissances installées de 3 à 10 ch. À l'instar des plaques d'usure, les marteaux doivent être fabriqués dans un matériau résistant. Les marteaux les plus couramment fabriqués sont des lames épaisses d'acier trempé, de forme rectangulaire. Pour augmenter leur efficacité, on peut multiplier les angles d'attaque des marteaux en leur donnant un profil irrégulier comme illustré en figure 5.10.

Le rotor qui porte les marteaux peut être composé d'une seule pièce ou de plusieurs plaques circulaires reliées par des entretoises. La première solution semble préférable car elle renforcerait l'équilibre entre le rotor et les marteaux (Altarelli Herzog, 1985). L'arbre est maintenu par des bagues ou des paliers. Afin de prolonger la longévité de l'arbre et d'éviter des pertes de puissance par frottement, il est préférable que les paliers soient montés sur des roulements à bille. La vitesse de rotation du rotor est habituellement de 3000 tr/min mais certains moulins fonctionnent à 6000 tr/min et nécessitent une puissance installée supérieure.

La grille de mouture placée en partie inférieure du moulin maintient la mouture dans la chambre de broyage jusqu'à ce que le produit moulu ait une granulométrie inférieure au diamètre des perforations. C'est donc le choix du diamètre des perforations de cette grille qui détermine

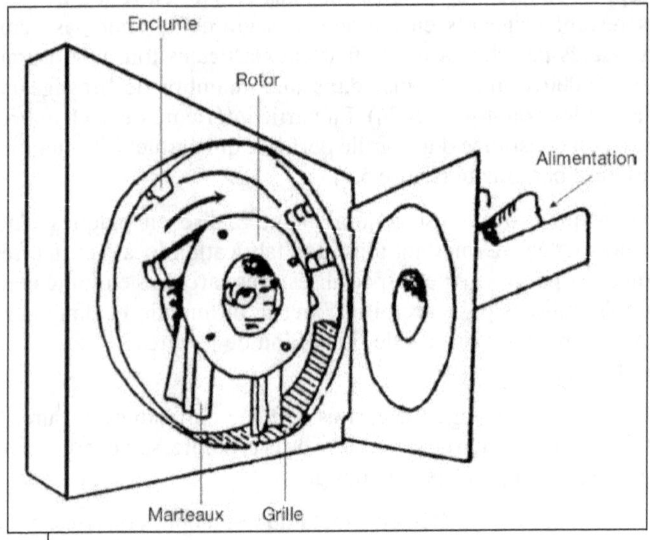

Figure 5.9.
Broyeur à marteaux (© Jean-François Cruz d'après Cneema).

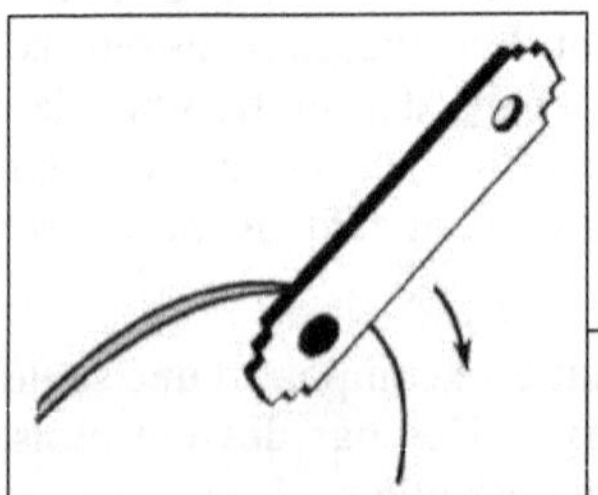

Figure 5.10.
Marteau réversible d'un broyeur (© Jean-François Cruz, Cirad).

la finesse de la mouture obtenue. Plus le diamètre des perforations est petit et plus le temps de séjour du grain dans le broyeur est important, diminuant d'autant le débit horaire du moulin. Les broyeurs sont équipés de grilles interchangeables dont les diamètres de perforations sont habituellement compris entre 0,7 et 1,5 mm pour les céréales donnant des débits moyens variant de 50 à 150 kg/h.

Les broyeurs à marteaux conviennent pour la mouture des céréales et des légumineuses ou d'autres produits secs comme les cossettes. Contrairement aux moulins à meules, ils ne conviennent pas pour les produits humides ou oléagineux en raison du risque de colmatage des grilles. La mouture obtenue est généralement plus grossière que celle des moulins à meules car il n'est pas possible de repasser deux fois la farine. Pour le broyage grossier de produits autres que les céréales ou les légumineuses, il existe des grilles à plus grosses perforations (de quelques millimètres) permettant d'atteindre un débit horaire de plusieurs centaines de kilos.

Le nettoyage et l'entretien des broyeurs à marteaux sont beaucoup plus simples que ceux du moulin à meules car la chambre de broyage est facilement accessible. L'entretien consiste principalement au retournement des marteaux pour user de façon équivalente les quatre angles et à leur changement après l'usure totale. La durée de vie des marteaux correspond en moyenne à 50 tonnes de mouture. Il faut par ailleurs équilibrer les marteaux avec soin, de manière à limiter l'usure des paliers causée par les vibrations. La grille peut également être endommagée, généralement par le passage d'un corps étranger.

Le moulin à broches

Le moulin à broches ou à aiguilles est habituellement utilisé pour le broyage de matières minérales ou plastiques d'une dureté inférieure à 3,5 Mohs. Il pourrait être utilisé pour la mouture de matières végétales sèches et à faible teneur en matières grasses comme les grains.

Le moulin à broches est constitué de deux disques métalliques recouverts de plusieurs rangées de broches ou aiguilles (voir cahier couleur photo 28). Comme dans les moulins à meules, un des disques est fixe et solidaire de la porte du moulin alors que l'autre, tournant, est solidaire d'un axe entraîné par un moteur électrique (photo 5.1). La mouture, effectuée par broyage des grains entre les broches, permet l'obtention d'une farine très fine ($< 300 \mu m$) recherchée pour la confection de certains plats comme le *tô* ou les pâtisseries.

Le moulin à aiguilles est réalisé en mécanique de haute résistance avec un très haut degré de qualité. Il est fabriqué par quelques entreprises spécialisées et reste beaucoup plus onéreux qu'un moulin à meules. Il nécessite l'utilisation d'une matière première parfaitement propre et, dans tous les cas, exempte d'impuretés dures (cailloux, pièces métalliques, ...) pour ne pas dégrader les aiguilles.

Photo 5.1.
Vue du disque tournant d'un moulin à aiguilles (© Jean-François Cruz, Cirad).

La fabrication locale de broyeurs

Les moulins et spécialement les broyeurs à marteaux font partie des agroéquipements fabriqués depuis plusieurs décennies en Afrique de l'Ouest. Ainsi, au Sénégal, à la fin des années 1980, sur environ 3000 moulins en service dans le pays, 50 % environ étaient de fabrication artisanale par une centaine d'ateliers de mécanique et les autres 50 % étaient des moulins importés ou fabriqués par des industries à Dakar (Bricas, 1991). Dès les années 1950, des artisans sénégalais ont commencé à fabriquer des broyeurs à marteaux. La fabrication artisanale est réalisée en mécano-soudure en imitant la forme des pièces des moulins importés classiquement réalisées en fonte. Les broyeurs à marteaux fabriqués localement ont quasiment les mêmes performances

que les moulins importés et sont nettement moins onéreux. Mais ils sont souvent beaucoup moins robustes notamment lorsque les artisans utilisent des matières premières de récupération de piètre qualité.

Il est souvent reproché aux broyeurs artisanaux leur manque de standardisation qui rend très difficile leur maintenance et notamment le changement des pièces d'usures comme les marteaux ou les grilles qu'il faut souvent modifier pour les adapter au modèle dont on dispose. Au cours des années 1970, le ministère sénégalais du Développement social et un expert de l'Unicef ont décidé d'impliquer les artisans locaux pour équiper les villages en broyeurs, à partir d'un modèle standard présentant de meilleures garanties de qualité (Bricas, 1991). Ainsi, des artisans mécaniciens, répartis sur l'ensemble du pays, ont pu fabriquer un broyeur à marteaux standard à partir de plans et de gabarits et sur la base d'un cahier des charges précis définissant la qualité de la matière première et les conditions de fabrication.

Le choix et l'utilisation d'un moulin ou broyeur à marteaux

Pour le choix d'un moulin, il est préférable de sélectionner un modèle en vente dans le pays en tenant compte de :
- la simplicité de maniement afin que l'opérateur contrôle facilement l'opération ;
- la facilité de réglage ;
- la facilité d'accès aux pièces d'usure courante (meules, marteaux, grilles) ;
- la réversibilité de certaines pièces (marteaux ou meules) pour diminuer les coûts de fonctionnement ;
- la robustesse de l'appareil ;
- le rapport qualité/prix.

Concernant le choix du moteur, et en fonction des possibilités de raccordement au réseau de distribution d'électricité, on utilise le plus souvent :
les moteurs électriques en milieu urbain car ils fournissent la source d'énergie la plus pratique et la moins polluante (absence de fumée) ;
- les moteurs thermiques diesel ou essence en milieu rural ;
- les moteurs diesel sont plus chers, plus complexes mais souvent plus robustes.

Le tableau 5.1 donne des éléments de comparaison entre le moulin à meules et le broyeur à marteaux (François, 1988).

Tableau 5.1. Comparaison des moulins à meules et des moulins à marteaux.

Type de matériel	Moulin à meules	Broyeur à marteaux
Principe de mouture	Écrasement des grains	Éclatement des grains
Utilisation	Produits secs (céréales, légumineuses) ou humides ou gras (maïs humide, arachide, karité)	Produits secs (grains, cossettes) et non gras
Finesse des farines	Selon l'écartement (et l'usure) des meules Une mouture en plusieurs passage peut améliorer la finesse	Selon la taille des perforations de la grille Mouture généralement plus grossière qu'avec les meules
Débit théorique	Manuel (10 à 20 kg/h) Motorisé (100 à 300 kg/h)	Motorisé Débit de 50 kg/h à 300 kg/h selon la finesse de la grille (souvent 100 kg/h)
Maintenance	Compliquée : rhabillage ou changement des meules	Aisée : changement des marteaux et des grilles
Entretien	Nettoyage intégral difficile	Nettoyage facile
Coût	Généralement plus onéreux que le broyeur	Moins onéreux car fabrication possible par des artisans locaux

Les moulins sont gérés par des opérateurs privés ou par des groupements, le plus souvent de femmes. La gestion d'un moulin en collectivité offre divers avantages :
- réduction de la charge de travail des femmes, à la fois en termes de pénibilité et de durée. Le temps économisé grâce au moulin permet aux femmes d'exercer d'autres activités;
- économie de temps;
- production d'une farine supposée de meilleure qualité car obtenue avec des équipements appropriés;
- apprentissage de la gestion d'un bien en collectivité.

Mais la gestion collective peut présenter certains inconvénients :
- qualité médiocre de la farine si le moulin est usé ou mal réglé;
- coût d'utilisation qui peut être prohibitif pour certaines familles;
- difficulté et durée d'accès au moulin selon l'implantation. La distance maximale ne devrait pas dépasser 2 km;
- gestion financière parfois compliquée, notamment la comptabilité. Les dépenses d'entretien et de maintenance sont souvent la source de problèmes;

– gestion technique difficile en raison de la fréquence élevée des pannes. Une enquête technique a révélé qu'en moyenne 37 % des moulins ne fonctionnent pas, la plupart du temps à cause de courroies de transmission endommagées ou de roulements à billes défectueux ;
– tarifs pratiqués parfois plus élevés que chez des particuliers ;
– rentabilité incertaine engendrant des risques de découragement ou d'endettement des villageois.

Les moulins sont utilisés seuls ou couplés à d'autres équipements (décortiqueur, râpe, nettoyeur, trieur). Ils peuvent être l'un des éléments des plateformes multifonctionnelles installées en milieu rural. Ces plateformes multifonctionnelles sont organisées autour d'une force motrice, souvent constituée d'un moteur diesel, à laquelle sont raccordés divers équipements, modules et outils destinés à assurer diverses fonctions. Elles permettent ainsi la transformation mécanique des produits agricoles et agroforestiers (égreneuses, décortiqueuses, moulins, presses à huile), la production d'électricité pour alimenter différents équipements (postes de soudure, d'aiguisage, de chargeur de batteries, de machines de menuiserie) et les micro- ou mini-réseaux d'électricité et d'adduction d'eau potable (pompage) pour les localités rurales et périurbaines non électrifiées de faible taille démographique (500 à 2000 habitants).

La gestion et le coût de fonctionnement d'un moulin

Gestion privée ou collective

Les moulins appartiennent généralement à des opérateurs privés ou à des groupements souvent constitués de femmes. Ce sont souvent des hommes, qualifiés de meuniers, qui en assurent le fonctionnement technique. Le matériel utilisé est abrité dans un local et entraîné par un moteur électrique quand l'électricité est disponible comme en milieu urbain ou par un moteur thermique diesel comme c'est souvent le cas en milieu rural. Beaucoup de moulins fonctionnent en prestation de service pour les femmes qui apportent leurs grains à moudre et qui récupèrent la farine en payant selon la quantité transformée. Beaucoup de projets et de programmes de développement ont financé des moulins communautaires au profit de groupements de femmes, avec pour objectifs prioritaires d'alléger leur travail et d'améliorer leurs conditions de vie grâce aux revenus de l'activité de mouture.

La gestion technique qui concerne le fonctionnement, le réglage, l'entretien et les réparations des équipements est sous la responsabilité du meunier. Il est important que le meunier soit bien formé pour assurer ces différentes tâches afin de limiter les pannes et d'accroître la durée de vie du moulin pour diminuer les coûts de fonctionnement. Les moteurs qui travaillent souvent dans des conditions difficiles (poussière, chaleur) nécessitent un entretien fréquent et bien suivi, particulièrement pour les moteurs diesel, avec notamment le nettoyage du filtre à air, la vidange et le changement des filtres à huile et à gasoil.

La gestion comptable et financière des moulins appartenant à des opérateurs privés est assurée par le propriétaire qui délègue au meunier la perception du paiement des prestations. Les groupements disposent le plus souvent d'un comité de gestion du moulin et de commissions de mouture chargées de l'exécution des tâches quotidiennes. À côté du meunier, il y a alors souvent un membre du groupement qui collecte l'argent des prestations. La gestion du moulin dans un groupement est plus délicate que pour un opérateur privé, car du fait du nombre plus élevé de personnes impliquées, elle nécessite une bonne entente. Les risques d'abandon de l'activité sont importants à cause de pannes graves liées à un mauvais entretien ou d'un manque de suivi des recettes et des dépenses.

La question de la rentabilité d'un moulin est déterminante pour la pérennisation de l'activité. En premier lieu, elle dépend de la fréquentation du moulin liée à une population suffisante et à la concurrence d'autres moulins dans le même village ou le même quartier. En second lieu, elle dépend du prix des prestations qui doit couvrir toutes les dépenses comme l'amortissement du moulin, et les charges de personnel, d'entretien et de réparations.

Coût de fonctionnement

Il est indispensable de bien noter toutes les dépenses et les charges afin de mieux les prévoir et de créer un référentiel technico-économique propre au contexte d'utilisation. Mais, bien souvent, pour réaliser ces calculs dans le cadre d'un projet d'équipement, il faut recourir aux calculs prévisionnels basés sur des normes de fonctionnement élaborées dans des conditions théoriques d'utilisation. Ces calculs fournissent des ordres de grandeur, mais la précision et la fiabilité des informations et des résultats obtenus doivent être considérées avec précaution.

Durée de vie

La durée de vie d'un moulin peut être exprimée en années, soit entre 3 et 7 ans, ou en heures, soit entre 2000 et 5000h. Cette durée de vie permet de calculer l'amortissement annuel ou horaire de l'équipement.

Réparations

Pour estimer le montant annuel des réparations d'un moulin, on se base généralement sur le calcul suivant :

Montant annuel des réparations = prix d'achat × (50 % à 100 %) / durée de vie

Le pourcentage retenu est naturellement fonction de la qualité de la maintenance, des coûts de la main-d'œuvre spécialisée, des prix et de la disponibilité des pièces détachées.

Si on retient un coût de réparation de 50 % sur la durée de vie d'un moulin de 1,2 million FCFA amorti en quatre ans, le montant annuel moyen estimé pour les réparations est de : 1200000 × 0,50/4 ou 150000 FCFA/an.

Consommation d'énergie

Pour le calcul prévisionnel de la consommation en carburant, on se base sur la consommation spécifique théorique pour un moteur en pleine charge, soit environ 0,30 l/kW/h, à laquelle on affecte un coefficient compris entre 50 et 100 % représentant le niveau de charge auquel est soumis le moteur pour le travail effectué. Pour un moulin équipé d'un moteur diesel de 15 kW, la consommation horaire estimée pour une charge moteur de 60 % sera de : 0,30 × 15 × 60 % = 2,7 l/h.

La consommation en lubrifiants est souvent exprimée en fonction de la consommation en carburant, entre 2,5 et 4,5 %. Pour un moulin équipé d'un moteur de 15 kW diesel consommant 2,7 l/h de gasoil et 4 l d'huile par 100 l de gasoil, la consommation en huile est de : 2,7 × 4 % = 0,11 l/h.

Frais de personnels

Les frais de personnels (meunier et manœuvres principalement) dépendent des contextes locaux. Les rémunérations peuvent être quotidiennes, mensuelles ou au prorata des quantités transformées.

Exemple de calcul

Une méthode simple de calcul du coût prévisionnel pour un moulin équipé d'un moteur diesel est présentée ci-après. Elle s'appuie sur les données et les informations à saisir (tableau 5.2) et sur les formules et les outils de calcul des charges (tableau 5.3), et donne les performances et le prix de revient de la transformation à partir des données et informations saisies (tableau 5.4). Pour automatiser les calculs, ces tableaux peuvent être réalisés avec le logiciel Excel.

Les valeurs des données de saisies du tableau 5.2 sont celles qui sont couramment utilisées pour la durée de vie (en heures), le montant annuel des assurances et des abris en pourcents du prix d'achat, et les frais de réparation en pourcents du prix d'achat sur la durée de vie du broyeur.

Tableau 5.2. Acquisition, fonctionnement et quantité de travail d'un broyeur à marteaux.

Item	Libellé	Montant
Acquisition d'un moulin à marteaux		
Prix d'achat	Pa	1 200 000 FCFA
Assurances	Kas	1,00 % prix d'achat chaque année
Abri	Ka	0,50 % prix d'achat chaque année
Impôts et taxes annuels	Ian	FCFA/an
Caractéristiques de fonctionnement		
Puissance moteur	Pu	15 kW
Prix du gasoil	Pg	600 FCFA/l
Prix moyen lubrifiants	Pl	1 000 FCFA/l
Salaire personnel	Sp	2 000 FCFA/j
Durée de vie	Dvie	3 500 h
Frais de réparations	Kr	50,00 % prix d'achat sur durée de vie
Frais divers	Fg	0 FCFA/j
Quantité de travail		
Niveau charge moteur	Nc	60 %
Consommation en gasoil	Cg = 0,30 l/kW/h × Pu × Nc	2,7 l/h
Temps de travail journalier	Tj	5,0 h/j
Temps de travail annuel en jours	Ta	120 j/an
Temps de travail annuel en heures	Han = Tj × Ta	600 h/an
Performance au travail	Q	150 kg/h

Pour les calculs des charges horaires et annuelles du broyeur (tableau 5.3), on distingue les charges fixes (primes d'assurances, charges d'abri, impôts et taxes) et les charges variables (amortissement, entretien et réparations, carburant, lubrifiants, salaire du personnel et frais généraux).

Tableau 5.3. Détail des charges annuelles prévisionnelles du broyeur.

	Détail des charges	**Formules**	**FCFA/h**	**FCFA/an**
Frais fixes	Primes d'assurances	(Pa × Kas) / Han	20	12000
	Charges d'abri	(Pa × Kas) / Han	10	6000
	Impôts et taxes	Ian / Han	0	0
	Total		30	18000
Frais variables	Amortissement	Pa / Dvie	343	205714
	Entretien et réparations	(Pa × Kr) / Dvie	171	102857
	Carburant	Cg × Pg	1620	972000
	Lubrifiants	Cg × 0,04 × Pl	108	64800
	Salaire personnel	Sp / Tj	400	240000
	Frais Généraux	Fg / Tj	0	0
	Total		2642	1585371
Prix de revient horaire et charges annuelles			2672	1603371

Pour le calcul des performances annuelles du broyeur, on prend en compte la quantité totale de gasoil consommée, le nombre total d'heures de travail réalisé et la quantité totale de produits moulus (tableau 5.4). Les recettes annuelles sont calculées sur la base d'un prix de prestation par kilo de produit moulu multiplié par la quantité transformée. Les résultats économiques donnent la marge annuelle qui est la différence entre le total des recettes annuelles et des charges annuelles du tableau 5.3. Cette marge peut être exprimée en montant total annuel ou rapportée au kilo de produit transformé.

L'exemple présenté ci-dessus permet d'évaluer le nombre de personnes ou de ménages qui sont susceptibles de voir leurs besoins en mouture satisfaits par l'utilisation du moulin :

- quantité transformée annuellement : 90000 kg/an;
- besoins journaliers de transformation au moulin par ménage : 5 kg/ménage/j ;
- nombre de personnes par ménage : 8;
- besoins en kg/personne et par jour : 5/8 = 0,625 kg/pers/j, soit 228 kg/pers/an.

Le moulin satisfait aux besoins de transformation de près de 400 personnes, soit 50 ménages.

Tableau 5.4. Performances et résultats économiques annuels, prix de revient de fonctionnement du broyeur.

Performances annuelles du moulin	Consommation en gasoil	1 620 l/an
	Nombre d'heures de travail	600 h/an
	Quantité de produits transformés	90 000 kg/an
Résultats économiques	Prix de revient	17,8 FCFA/kg
	Prix payé	20,0 FCFA/kg
	Marge	2,2 FCFA/kg
	Charges annuelles	1 603 371 FCFA/an
	Recettes annuelles	1 800 000 FCFA/an
	Marge annuelle	196 629 FCFA/an

Les miniminoteries

Des miniminoteries ont été installées en Afrique de l'Ouest à la fin des années 1980 afin de favoriser l'émergence d'activités valorisant les produits agricoles. L'objectif des projets était la production de produits finis secs (maïs, mil et sorgho) favorisant une longue période de conservation et générant des revenus. Mais le but était également d'alléger le travail des femmes qui consacrent une bonne partie de leur temps à piler (Bridier, 1997). Au Mali, par exemple, l'unité standard est composée d'un décortiqueur, d'un broyeur à marteau ou d'un moulin à meules, d'un tamis rotatif, d'une thermo-soudeuse et de divers accessoires et mobiliers (Goita, 1994), Les équipements, entraînés par des moteurs électriques, sont installés dans deux bâtiments en parpaings (magasin et atelier de fabrication) alimentés en électricité par un groupe électrogène. D'autres expériences similaires ont été tentées au Sénégal ou au Burkina Faso.

Au Mali, dans les années 1980, le personnel d'une miniminoterie standard est composé d'un gérant permanent et de trois femmes et trois hommes travaillant à la tâche. Un fonds de roulement est nécessaire au fonctionnement de la mini-minoterie pour acheter des combustibles, des lubrifiants, de la matière première et pour payer les salaires du personnel. Chaque miniminoterie dispose de quatre greniers pour

assurer le stockage de 100 tonnes de grains. La matière première utilisée doit respecter certaines normes de qualité. Le maïs acheté doit être de la récolte de l'année, propre (absence d'impuretés diverses), pur pour éviter les mélanges de variétés jaunes et blanches et exempt d'insectes visibles (charançon ou autres).

L'activité de ces miniminoteries s'est révélée irrégulière et la pleine capacité de production des machines (250 t/an) n'a jamais pu être atteinte. Les difficultés rencontrées étaient dues à des problèmes d'organisation, d'approvisionnement en matière première et de commercialisation des nouveaux produits mis sur le marché. Les minoteries fournissaient une gamme de produits variés, dont les grosses brisures, très prisées des citadins, mais aussi des farines dont la piètre qualité n'a pas permis une bonne commercialisation. Le marché des produits transformés s'est avéré beaucoup plus concurrentiel et plus étroit que prévu, compte tenu de la qualité et des prix proposés (Bridier, 1997).

Au Sénégal, depuis les années 1990, de petites unités de transformation des céréales par voie sèche (mil ou maïs décortiqué, semoule, brisures) ont été mises en place par des projets, puis progressivement à partir d'initiatives personnelles (Broutin et Sokona, 1999). Les produits sont emballés dans des sachets en plastique. Les unités mises en place à partir d'initiatives personnelles, principalement dans les villes, mettent au point de nouveaux produits, comme des couscous, de la farine infantile.

assurent le stockage de 100 tonnes de grains. La maîtrise [illegible] qualité [illegible] et certaines données de qualité [illegible] nombre [illegible] [illegible] entre les mélanges de variétés [illegible] et humidité [illegible] (communication [illegible])

L'achat [illegible] communautaires [illegible] et la pleine capacité de production [illegible] [illegible] problèmes d'organisation [illegible] [illegible] [illegible] produits variés, dont les [illegible] [illegible] qualité [illegible] [illegible] de produits [illegible] [illegible] qualité et des [illegible] (… 1995)

[illegible] dans les années 1970 [illegible] [illegible] [illegible] [illegible] ont été mises en place par des [illegible] [illegible] [illegible] [illegible] [illegible] (… 1998) [illegible] [illegible] [illegible] [illegible] [illegible] de la forme [illegible]

6. Élaboration de produits transformés

Aujourd'hui, la croissance démographique rapide des villes rend indispensable une meilleure valorisation des produits locaux. Il existe, en milieu urbain, un besoin de diversification des produits consommés et une forte demande en produits finis, prêts à l'emploi et faciles à préparer. Des produits à forte valeur ajoutée, comme les produits roulés ou les farines infantiles, sont ainsi de plus en plus présents dans les boutiques de quartier ou les supermarchés des grandes agglomérations.

Les produits roulés secs : couscous, *dégué*, bouillies

Dans beaucoup de pays d'Afrique, les produits roulés ou granulés sont un mode de valorisation des matières premières amylacées largement développé. Ils sont fabriqués à partir de céréales, de légumineuses ou de tubercules comme, par exemple, le maïs au Bénin, le sorgho au Mali, le mil au Sénégal, le blé dur en Afrique du nord, le niébé au Burkina Faso, l'igname au Togo ou le manioc en Côte d'Ivoire. On différencie souvent les deux grands groupes de produits que sont les granules cuits à la vapeur et les granules simplement séchés pour être consommés en bouillies (voir cahier couleur photo 29). Les granules prennent souvent les noms des plats ou des recettes dans lesquels ils sont utilisés (couscous, *dégué, moni*). Dans chacun des deux groupes les produits sont élaborés à partir de farines fermentées ou non fermentées. Tous ces produits traditionnels sont couramment élaborés dans les familles pour la consommation du ménage ou pour la vente en frais (Mestres *et al.*, 1999). Depuis quelques années, le développement des techniques de séchage a permis de les stabiliser pour permettre leur production par des petites entreprises artisanales et leur vente dans les boutiques de quartier ou les supermarchés.

Les granules cuits à la vapeur

Le premier groupe de produits est celui des granules cuits à la vapeur que l'on qualifie souvent de « couscous » comme le *yèkè-yèkè* du Bénin et du Togo. Généralement élaborés à partir de farines non fermentées, les granules de couscous sont de petite taille (< 2 mm) mais on trouve également des produits comme le *dégué* du Mali et le *thiacry* du Sénégal avec des granules de plus grande taille (1,5 à 3 mm) à base de mil ou de sorgho ou le *birba* du Burkina Faso à gros granules (3 à 5 mm) à base de niébé (voir cahier couleur photo 30). Un cas particulier est celui du *céré* du Sénégal qui est un couscous à petits granules (< 1,5 mm) réalisé à base de farine de mil ou de sorgho fermentée durant une nuit.

Couscous de maïs yèkè-yèkè

Le *yèkè-yèkè* est un couscous non fermenté constitué de petits granules de farine de maïs décortiqué, qui sont précuits à la vapeur puis séchés avant d'être conditionnés en sachets pour être commercialisés. Le diagramme de fabrication du *yèkè-yèkè* est illustré dans le tableau 6.1.

Tableau 6.1. Diagramme de fabrication du couscous de maïs *yèkè-yèkè*.

Opérations	Fonctions	Choix technologiques
Produit initial : farine de maïs		
Hydratation et pétrissage	Hydrater et homogénéiser la farine de maïs à une teneur en eau de 45 à 46 % pour faciliter la granulation	Opération manuelle
Émottage	Casser les mottes de farine formées lors du pétrissage	Opération manuelle
Granulation	Former des petits granules entre 1 et 2 mm	Granulation manuelle Rouleur à couscous
Précuisson à la vapeur	Précuisson et gélatinisation des granules pour une bonne résistance à l'écrasement	Couscoussier Cuiseur à vapeur
Émottage	Casser les mottes pour individualiser les granules et faciliter le séchage	Opération manuelle
Séchage	Réduire la teneur en eau des granules à moins de 10 %	Séchoir à gaz Séchoir solaire
Tamisage	Homogénéiser les granules	Tamisage manuel Tamisage mécanique
Pesage	Mise en unité de vente	Balance
Emballage	Protection contre contamination, humidité, air	Thermo-soudeuse
Produit final : couscous *yèkè-yèkè*		

Granules de mil et de sorgho : *dégué, thiacry*

Les granules de mil ou de sorgho sont très répandus dans les pays du Sahel. Ils sont connus sous le nom de *dégué* au Mali et au Burkina Faso et de *thiacry* au Sénégal. Ils servent à préparer des bouillies auxquelles sont ajoutés du lait caillé ou du yaourt et du sucre et qui sont consommées au petit déjeuner ou en dessert. Pour l'élaboration des granules, la farine humidifiée est passée au tamis, appelé *dégué témé*, pour une pré-granulation (photo 6.1). Cette pratique permet de faciliter ensuite le roulage dans une calebasse ou une cuvette en aluminium (voir cahier couleur photo 29).

Le diagramme de fabrication du *dégué* ou du *thiacry* est décrit dans le tableau 6.2.

Tableau 6.2. Diagramme de fabrication des granules précuits de mil et sorgho (adapté de Broutin, 2003).

Opérations	Fonctions	Choix technologiques
Produit initial : farine de mil ou de sorgho		
Hydratation et pétrissage	Hydrater et homogénéiser la farine à une teneur en eau de 45 à 46 % pour faciliter la granulation	Opération manuelle
Émottage	Casser les mottes de farine formées lors du pétrissage	Opération manuelle
Granulation	Former des granules entre 1,5 et 3 mm	Granulation manuelle, avec pré-granulation éventuelle au travers d'un tamis *dégué témé* Rouleur à couscous
Précuisson à la vapeur	Précuisson et gélatinisation des granules pour une bonne résistance à l'écrasement	Couscoussier Cuiseur à vapeur
Émottage	Casser les mottes pour individualiser les granules et faciliter le séchage	Opération manuelle
Séchage	Réduire la teneur en eau des granules à moins de 10 %	Séchoir à gaz Séchoir solaire
Tamisage	Homogénéiser les granules	Tamisage manuel Tamisage mécanique
Pesage	Mise en unité de vente	Balance
Emballage	Protection contre contamination, humidité, air	Thermo-soudeuse
Produit fini : *dégué, thiacry*		

Photo 6.1.
Prégranulation au moyen d'un tamis *dégué témé* (© Audrey Chazal, Cirad).

Granules de niébé : *sô bassi* et *birba*

Au Mali, la fabrication de couscous de niébé (*sô bassi*) suit le diagramme décrit au tableau 6.1. La granulation est réalisée avec de la farine de niébé obtenue à partir de grains partiellement ou totalement décortiqués. Les granules sont de petite taille (entre 0,5 et 1,5 mm).

Au Burkina Faso, la fabrication de granules de *birba* à base de niébé suit globalement le diagramme décrit au tableau 6.2, mais la granulation est réalisée à partir de brisures de niébé. Au fond d'une calebasse, l'opératrice ajoute à la farine quelques gouttes d'eau et des brisures de grains de niébé et roule le tout en appuyant avec la paume de la main. La farine s'agglomère autour des brisures pour former de gros granules dont le diamètre varie entre 3 et 5 mm (photo 6.2).

D'après de nombreuses transformatrices, la transformation du niébé en granules séchés est la meilleure façon de valoriser cette légumineuse très difficile à conserver. En effet, les granules secs peuvent rester intacts pendant plusieurs années alors que les graines sont très rapidement attaquées et consommées par les insectes ravageurs comme les bruches.

Photo 6.2.
Granules de niébé ou *birba* (© Jean-François Cruz, Cirad).

Les granules secs pour bouillies

Le second groupe de produits est celui des granules crus et simplement séchés que l'on qualifie souvent de « bouillies ». Ces produits sont généralement fabriqués à partir de farines fermentées pour leur conférer un goût légèrement acide très apprécié des consommateurs. On trouve ainsi des granules de 1 à 3 mm à base de farine de maïs comme l'*aklui* du Bénin ou à base de mil et sorgho comme le *moni* du Mali et du Burkina Faso. Au Sénégal, les granules d'*araw* sont généralement plus gros (> 3 mm). Contrairement aux granules de couscous et de *dégué*, les granules de bouillie doivent être un peu délitescents dans l'eau bouillante, dans laquelle ils sont réhydratés lors de leur préparation culinaire. Leur désagrégation partielle dans l'eau bouillante donne une consistance plus épaisse à la bouillie (Chazal, 2003).

Granules pour bouillies à base de mil et de sorgho

Dans les pays du Sahel, les granules pour bouillies appelés *moni* sont généralement fabriqués avec des farines de mil ou de sorgho légèrement fermentées. Si la farine utilisée est peu fermentée, il est alors fréquent d'ajouter du jus de citron ou de tamarin dans la bouillie préparée pour en accentuer l'acidité.

À Ouagadougou (Burkina Faso), les ménagères préfèrent généralement les granules de petite taille (< 2,5 mm) pour la préparation des bouillies.

Au Sénégal, par contre, les granules de bouillie appelés *araw* sont généralement de plus gros granules (> 3 mm). Ils sont utilisés pour préparer de la bouillie épaisse (*lakh* ou *laax*) ou de la bouillie fluide (*fondé*) en mélange à du lait caillé sucré (Broutin et Sokona, 1999).

Le diagramme de fabrication des granules de bouillie est donné dans le tableau 6.3.

Tableau 6.3. Diagramme de production de granules de farine à base de mil ou sorgho.

Opérations	Fonctions	Choix technologiques
Produit initial : farine de mil ou de sorgho		
Hydratation/ pétrissage	Hydrater et homogénéiser la farine à une teneur en eau de 45 %	Opération manuelle
Fermentation lactique	Baisser le pH de la farine à un niveau d'acidité convenable pour le marché ciblé	Fermentation naturelle de faible durée
Granulation	Former des granules entre 1 et 3 mm pour le moni et supérieur à 3 mm pour l'*araw*	Granulation manuelle Rouleur mécanique avec tamisage
Séchage	Réduire la teneur en eau des granules à moins de 10 %	Séchoir à gaz Séchoir solaire
Tamisage	Homogénéiser les granules	Tamisage manuel Tamisage mécanique
Pesage	Mise en unité de vente	Balance
Emballage	Protection contre contamination, humidité	Thermo-soudeuse
Produit final : granules pour bouillie		

Granules pour bouillies à base de maïs

L'*aklui* est un produit granulé à base de maïs, très consommé le matin au Bénin, au Togo et au Ghana. Au-delà des frontières du Bénin, il est, aujourd'hui, très demandé dans toute l'Afrique de l'Ouest et même dans d'autres régions du continent.

Les granules sont constitués à partir d'une pâte fermentée appelée *mawé* à base de farine de maïs dur, décortiqué et partiellement dégermé (Hounhouigan *et al.,* 1993). Après addition d'eau, la farine est pétrie

puis mise à fermenter pendant un à trois jours. La pâte fermentée est ensuite émottée, roulée en granules. Pour les stabiliser, les granules sont séchés puis tamisés et conditionnés en sachets. Cet *aklui* amélioré permet de préparer la bouillie en cinq minutes. Les granules sont jetés en pluie dans une marmite contenant de l'eau bouillante puis la bouillie est additionnée de sucre avant consommation.

Le diagramme de production de granules secs d'*aklui* est décrit au tableau 6.4.

Tableau 6.4. Diagramme de production de granules de farine fermentée de maïs.

Opérations	Fonctions	Choix technologiques
Produit initial : farine de maïs		
Hydratation/ pétrissage	Hydrater et homogénéiser la farine de maïs à une teneur en eau de 45 à 49 %	Opération manuelle
Fermentation lactique pour obtenir du *mawé*	Descendre le pH de la farine entre 3,7 et 4 %	Fermentation naturelle Ensemencement avec du ferment de pâte fermentée d'une précédente production
Émottage	Réduire la pâte *mawé* en fines particules	Opération manuelle Le *mawé* est passé sur un tamis traditionnel en fibres de palmier appelé sassado
Granulation	Former des petits granules 1 à 3 mm	Granulation manuelle Rouleur mécanique
Séchage	Réduire la teneur en eau des granules à moins de 10 %	Séchoir à gaz Séchoir solaire
Tamisage	Homogénéiser les granules	Tamisage manuel Tamisage mécanique
Pesage	Mise en unité de vente	Balance
Emballage	Protection contre les contaminations, humidité	Thermo-soudeuse
Produit final : granules *aklui*		

La mécanisation des opérations

De toutes les opérations d'élaboration des produits roulés, la granulation est certainement la plus difficile et la plus pénible à effectuer.

Elle requiert un savoir-faire que seules les femmes habituées à ce type de transformation maîtrisent. Il faut 20 à 25 minutes de travail pour rouler un kilo de farine. Par ailleurs la faible durée de conservation des produits préparés artisanalement oblige les femmes à ne préparer que de faibles quantités qu'elles sont obligées d'écouler dans la journée. En plus de ces difficultés, la méfiance d'une certaine catégorie de consommateurs urbains vis-à-vis des aliments vendus dans la rue limite leur marché (Hounhouigan, 2000).

La mécanisation du roulage et du tamisage et le développement des techniques de séchage au niveau de petites entreprises doit permettre de faciliter la production de produits roulés secs de meilleure qualité. La mécanisation de ces étapes, adaptée aux moyens financiers et aux moyens de production des petites entreprises, est largement attendue par tous les acteurs de la filière, que ce soit les transformateurs semi-industriels pour diminuer la pénibilité des tâches et accroître la production, les détaillants pour être livrés plus rapidement, et les consommateurs, notamment les ménagères les plus jeunes, pour bénéficier de granules prêts à l'emploi de caractéristiques physiques plus régulières (forme, couleur, taille) et d'une meilleure qualité hygiénique.

La mécanisation de la fabrication des produits roulés a été abordée dans l'ouvrage « Le sorgho » (Chantereau *et al.,* 2013).

La mécanisation du roulage et du tamisage

Quelques tentatives ont été initiées pour mécaniser le roulage et le tamisage au niveau artisanal notamment, au Sénégal avec un granulateur mis au point par l'Institut de Technologie alimentaire (ITA) de Dakar, et au Bénin avec un rouleur à couscous testé à la Faculté des Sciences agronomiques d'Abomey-Calavi.

Le granulateur ITA a été conçu pour la fabrication des produits roulés spécifiques du Sénégal que sont l'*araw*, le *thiacry* et le *céré*. Selon les modèles, cette machine, constituée d'un tambour à fond sphérique et équipée d'un rotor supportant des pales qui épousent la forme du tambour et des couteaux verticaux, aurait un débit de 30 kg/h à 100 kg/h. Mais cet équipement ne semble pas connaître le succès escompté auprès des opérateurs locaux et sa diffusion reste limitée.

Le rouleur à couscous Cirad-Afrem est une machine constituée de quatre cylindres amovibles qui comportent des perforations de différentes dimensions pour trier les produits roulés selon la taille des granules (Faure, 1989). À une extrémité, le matériel est alimenté par

une trémie qui peut être surmontée d'un humidificateur-malaxeur. À l'autre extrémité, sont disposés des bacs en plastique qui permettent de récupérer les granules (figure 6.1). Le matériel, conçu pour une production d'environ 50 kg/h, a été fabriqué en quelques exemplaires et utilisé dans certains pays (Bénin, Niger) pour la fabrication de produits roulés locaux.

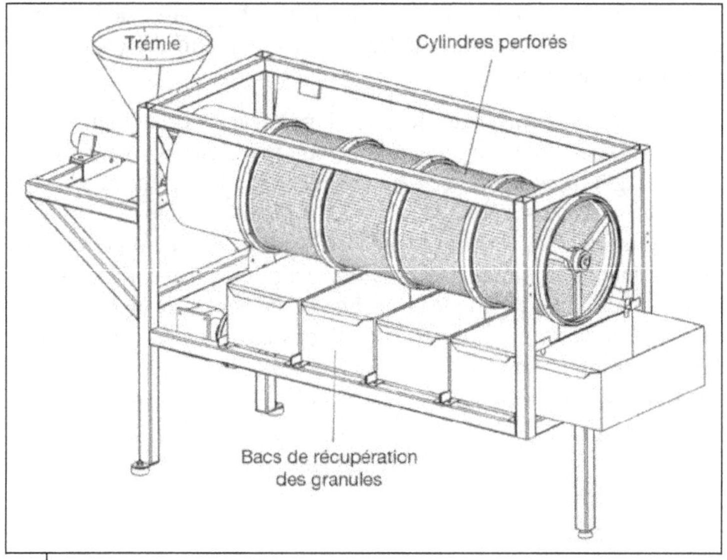

Figure 6.1.
Dessin du rouleur à couscous Cirad-AFREM (© Michel Rivier, Cirad).

L'amélioration du séchage

Après les opérations de roulage de la farine humide, de tamisage et de cuisson à la vapeur pour certains produits roulés, les différents granules doivent être stabilisés par séchage jusqu'à une humidité résiduelle voisine de 10 % b.h.. Pour pallier les risques de développement de moisissures liés au séchage naturel lent, plusieurs types de séchoirs ont été mis au point pour les petites entreprises de transformation.

Le séchoir Ceas-Atesta

Le séchoir Ceas-Atesta, initialement destiné au séchage des fruits et des légumes, est souvent utilisé par les transformatrices pour le séchage de produits céréaliers. Le rendement énergétique du séchoir s'avère relativement médiocre et conduit à une consommation en gaz importante.

Le séchoir Cirad CSec-T à flux traversant

Le séchoir Cirad CSec-T est un séchoir à flux traversant conçu par le Cirad pour le séchage de produits granuleux (couscous, *dégué, moni,* fonio précuit). Il est constitué de trois compartiments contenant chacun quatre claies superposées sur lesquelles le produit humide est étalé en couche mince (figure 6.2). Le séchoir est équipé d'un générateur d'air chaud composé d'un caisson métallique avec un brûleur à gaz (8 kW) et un ventilateur entraîné par un moteur électrique (voir cahier couleur photo 8).

Le séchoir à flux traversant le CSec-T permet de sécher rapidement les granules humides de 35 % à 10 % b.h. à des débits compris entre 15 et 20 kg/h de produits secs. En raison de son faible encombrement (3 m^2), le séchoir est bien adapté aux entreprises urbaines. Le principe de permutation des claies avec rechargement de la claie supérieure en produit humide permet de bien saturer l'air de séchage et d'avoir une bonne efficacité énergétique en régime permanent avec un rendement supérieur à 60 %. Dans les conditions des essais réalisés au Burkina Faso au cours des années 2000, son coût d'utilisation a été estimé à 50 FCFA/kg (0,08 €/kg) de produit séché.

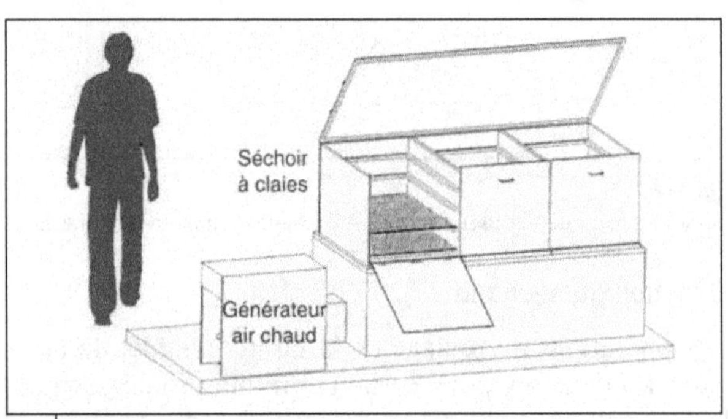

Figure 6.2.
Dessin du séchoir à flux traversant CSec-T (© Cruz *et al.*, 2011).

Le séchoir Cirad CSec-S ou serre solaire

Le séchoir CSec-S ou serre solaire, conçu par le Cirad pour le séchage des produits granuleux, est constitué d'une serre agricole classique composée d'une structure en tubes galvanisés reposant sur une dalle en béton et supportant un film plastique (figure 6.3). Les pignons sont en Plexiglas. Le pignon avant est équipé d'une porte coulissante et de

deux fenêtres d'aération alors que le pignon arrière est équipé d'un ventilateur axial qui permet de renouveler l'air du séchoir.

Le séchoir serre solaire CSec-S de 90 m^2, équipé de 10 claies suspendues recouvertes de tissu type voilage, a une capacité de chargement d'environ 300 à 350 kg pour sécher du produit humide de 35 % à 10 % b.h. en 24 h (photo 6.2). Son coût d'investissement est de 3,5 à 4 millions FCFA (environ 5 300 à 6 000 €), mais son coût d'utilisation de 25 FCFA/kg de produit sec (0,04 €/kg) est nettement inférieur à celui des séchoirs artificiels.

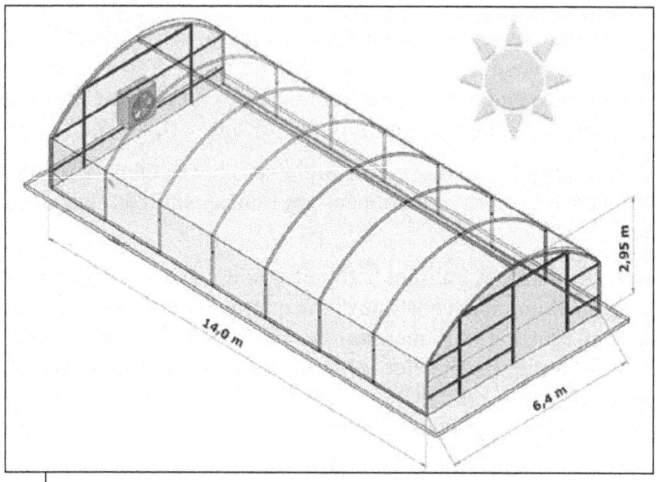

Figure 6.3.
Dessin du séchoir serre solaire CSec-S (© Abdoul Diallo).

Les nouveaux produits du fonio

Le fonio transformé artisanalement et vendu en vrac sur les marchés urbains est le plus souvent du fonio décortiqué ou du fonio blanchi qui va ensuite être préparé pour élaborer différentes recettes.

Depuis quelques années, de nombreuses petites entreprises commercialisent du fonio déjà transformé. Ces nouveaux produits conditionnés en sachets plastiques de 500 g ou 1 kg sont principalement le fonio blanchi et le fonio précuit.

Le fonio blanchi est simplement obtenu par décorticage-blanchiment du fonio paddy (voir chapitre 4). Après avoir été nettoyé, lavé, dessablé et séché, il est conditionné en sachets pour être vendu dans les grandes villes d'Afrique de l'Ouest. En Guinée, le fonio blanchi est parfois séché sur une plaque métallique ; il est alors qualifié de fonio grillé.

Mais le type de fonio le plus souvent conditionné en sachets est le fonio précuit. Il est ainsi commercialisé dans les boutiques de quartier ou les supermarchés au Burkina Faso, au Mali et au Sénégal mais aussi exporté en Europe ou en Amérique du Nord pour être vendu sur des marchés de niche.

Le fonio précuit

Le fonio précuit est un fonio blanchi qui, après avoir été lavé et dessablé, est passé à la vapeur, puis séché avant d'être conditionné. Les différentes étapes de fabrication du fonio précuit ont été décrites dans l'ouvrage « Le fonio, une céréale africaine » (Cruz *et al.*, 2011).

Le diagramme de précuisson du fonio est illustré dans la figure 6.4. Les valeurs moyennes sont données pour une quantité initiale de fonio blanchi de 100 kg.

Les transformatrices utilisent habituellement un couscoussier en terre cuite ou en aluminium constitué d'une marmite inférieure qui contient l'eau de précuisson et d'une marmite supérieure, à fond perforé, qui contient le fonio. Pour éviter les fuites de vapeur, les deux marmites sont scellées par un joint d'étanchéité réalisé à l'argile ou avec une pâte à base de farine de graines de néré.

Pour la précuisson, le couscoussier est placé sur un foyer à bois (photo 6.3) ou à charbon de bois ou sur un brûleur à gaz butane. Sur un foyer « 3 pierres » traditionnel, la consommation en bois est importante car elle nécessite plus de 20 kg de bois pour précuire 100 kg de fonio (soit près de 3 600 kJ/kg de fonio). Avec un foyer à gaz, la quantité de gaz butane requise est inférieure à 2 kg soit 800 kJ/kg et donc quatre à cinq fois moins d'énergie nécessaire (Rivier et Cruz, 2007).

Les transformatrices précuisent environ 10 à 45 kg de fonio à chaque opération qui dure de trente à quarante minutes. Puis, le fonio précuit est vidé dans des bassines pour être émotté et ensuite forcé au travers d'un tamis pour briser les derniers agglomérats. Enfin, le fonio précuit humide est étalé en couche mince sur des tables de séchage pour être séché à l'air libre ou dans un séchoir de type serre (photo 6.4.) ou encore sur des claies d'un séchoir à gaz. Après séchage, le fonio précuit est conditionné en petits sachets plastiques soudés (500 g ou 1 kg) pour être commercialisé.

Le fonio précuit a l'avantage de mieux se conserver que le fonio blanchi et de bien répondre, localement, aux demandes des jeunes ménagères urbaines qui souhaitent pouvoir disposer de produits alimentaires prêts à l'emploi.

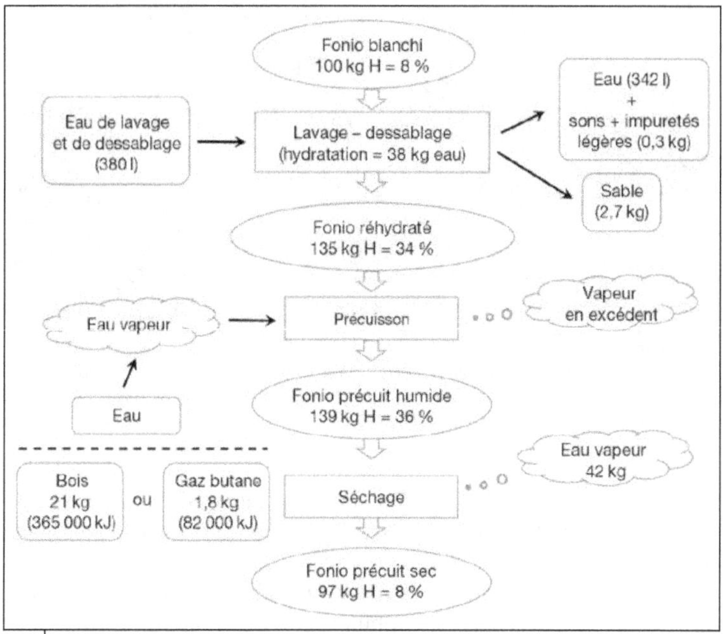

Figure 6.4.
Diagramme de précuisson du fonio (© Jean-François Cruz, Cirad).

Photo 6.3.
Précuisson du fonio dans un couscoussier traditionnel (© Jean-François Cruz, Cirad).

Photo 6.4.
Séchage du fonio précuit en serre solaire (© Jean-François Cruz, Cirad).

Le fonio étuvé

L'étuvage est un procédé généralement appliqué au riz qui consiste en un traitement hydrothermique des grains paddy, suivi d'un séchage (voir chapitre 3). Cette technologie, qui a pour avantage d'améliorer les caractéristiques technologiques, nutritionnelles et culinaires des grains, peut donc naturellement être appliquée au fonio même si elle a pour effet de colorer plus ou moins fortement les grains.

Comme les consommateurs africains habituels considèrent la blancheur comme un des principaux critères de qualité du fonio, le fonio étuvé devrait donc être davantage apprécié par des consommateurs néophytes qu'ils soient africains, européens ou américains. Certaines entreprises, comme la Société Gaia bio solidaire, proposent déjà sur le marché européen du fonio étuvé.

À l'occasion de différents projets portant sur le fonio, le Cirad et le laboratoire de technologie alimentaire de l'IER (Institut d'Économie rurale) au Mali ont travaillé à l'élaboration du diagramme d'étuvage du fonio. Les essais réalisés au laboratoire Cirad à Montpellier ont montré que l'humidité du fonio après trempage devait être de 32 à 34 % b.h. pour qu'il y ait une gélatinisation suffisante de l'amidon pendant le traitement ultérieur à la vapeur (Cruz, 2007). Cette teneur en eau a pu être obtenue par trempage de grains secs (9 % b.h.) dans

une eau maintenue à 40 ° C pendant environ deux heures. Les essais en grandeur nature réalisés au Mali ont permis d'atteindre cette teneur en eau par trempage du fonio paddy durant trois heures dans une eau portée à 65 °C, puis refroidie naturellement, ou par trempage durant quinze heures dans une eau à 25 °C. Ce dernier trempage, durant toute une nuit, est plus pratique à mettre en œuvre par les petites entreprises, mais il peut affecter significativement la couleur des grains.

Après trempage, le fonio est étuvé à la vapeur pendant environ trente minutes. Pour les essais réalisés au Mali, l'équipement d'étuvage utilisé était un matériel conçu par le Cirad pour l'amélioration de l'étuvage du riz (figure 3.10) mais des couscoussiers classiques peuvent également être utilisés pour l'étuvage de petites quantités.

Le diagramme d'étuvage du fonio est illustré dans la figure 6.5.

Des échantillons de fonio paddy ont été prélevés avant et après l'opération, et leur analyse a confirmé que l'étuvage améliore le rendement de transformation qui devient supérieur à 75 % et diminue

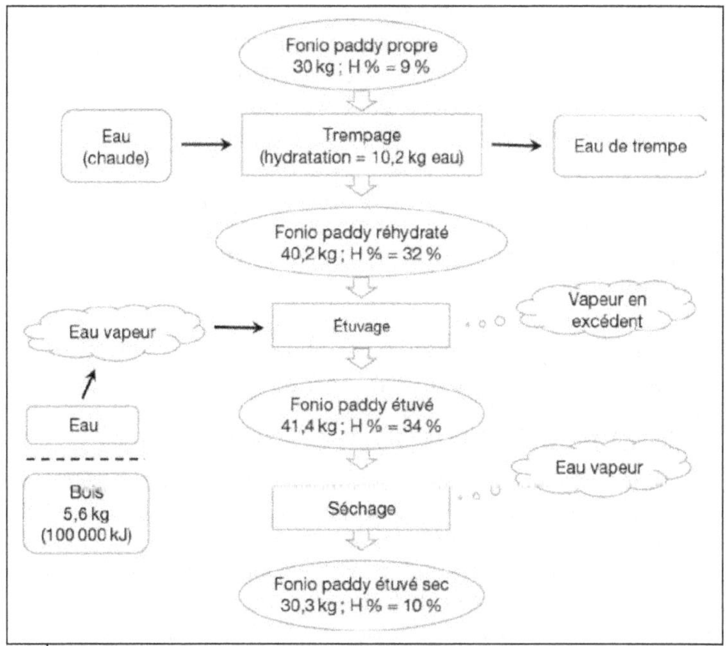

Figure 6.5.
Diagramme d'étuvage du fonio (© Jean-François Cruz, Cirad).

le taux de brisures qui reste inférieur à 1 %. Une durée de trempage trop longue peut néanmoins colorer les grains dont l'amande prend une couleur dorée à brune, d'autant plus prononcée que l'étuvage est prolongé (Fliedel *et al.*, 2008). Cependant, lors de la cuisson, les grains de fonio étuvé ont tendance à s'éclaircir même s'ils ne retrouvent pas tout à fait leur couleur blanche d'origine. Les grains de fonio étuvés sont moins collants et gonflent souvent mieux à la cuisson.

L'étuvage du fonio devrait faire l'objet de davantage de recherches et la conception de petits équipements d'étuvage, répondant aux besoins des petites entreprises et des groupements de femmes, devrait être encouragée en prenant mieux en compte les contraintes énergétiques et environnementales.

Les farines infantiles

Définition

Les farines infantiles, consommées sous forme de bouillie en complément du lait maternel, sont des farines composées de céréales, de légumineuses et d'autres intrants, qu'on introduit comme aliments de complément aux enfants à partir de l'âge de six mois. On distingue les farines à cuire, techniquement et économiquement accessibles, et les farines instantanées obtenues par des techniques plus élaborées, comme la cuisson-extrusion, moins répandues et donc peu accessibles. Ces farines doivent avoir des caractéristiques physico-chimiques, nutritionnelles et sanitaires bien définies et il est recommandé qu'elles soient soumises aux normes du Codex Alimentarius s'il n'existe pas de norme nationale spécifique.

Caractéristiques physico-chimiques, nutritionnelles et sanitaires des farines infantiles

Une farine permettant de préparer des bouillies nutritives

Une farine infantile doit avoir une bonne valeur nutritionnelle. Sa composition et ses caractéristiques doivent être telles que les quantités de bouillie ingérées par les enfants leur fournissent suffisamment d'énergie et de nutriments indispensables pour couvrir leurs besoins nutritionnels en complément du lait maternel. La valeur nutritionnelle d'une bouillie dépend de sa densité énergétique. Celle-ci est définie comme l'énergie contenue dans un volume donné de bouillie, exprimée généralement en kilocalories [kcal] pour 100 g de bouillie.

Une bonne farine infantile doit permettre de préparer une bouillie de fluidité acceptable et de densité énergétique minimum de 80 kcal/100 g de bouillie selon la norme Codex (Codex STAN 074-1981 Rev 1-2006-amendement 2017), idéalement autour de 100-120 kcal/100 g.

Diverses techniques, telles que l'emploi des malts de céréales, sont utilisées au niveau artisanal pour améliorer la densité énergétique des bouillies. Il faut toutefois souligner des risques sanitaires élevés, le procédé de germination impliquant des conditions propices au développement de microorganismes. Dans les entreprises de production de farines infantiles, on utilise souvent des enzymes alpha-amylolytiques.

La valeur nutritionnelle de la farine dépend également de sa composition en nutriments essentiels et de la biodisponibilité de ces nutriments ; c'est-à-dire de leur aptitude à être réellement libérés au cours des processus digestifs et à être absorbés correctement au niveau de la muqueuse intestinale puis utilisés efficacement au niveau métabolique. C'est pourquoi il est recommandé que les composants de la farine soient traités de manière à réduire leurs teneurs en facteurs anti-nutritionnels comme les phytates, qui sont des chélateurs des minéraux. Le Codex Alimentarius (CODEX CAC/GL 08.1991 révisée en 2013) recommande qu'une farine infantile ait une composition en nutriments proche de celle indiquée au tableau 6.5.

Tableau 6.5. Composition en macronutriments pour 100 g de farine infantile selon les normes du Codex Alimentarius.

Nutriments	Quantité / 100 g de farine	Remarque
Énergie	Min. 400 kcal	Néant
Protéines	15 g	La qualité des protéines n'étant pas inférieure à 70 % de la protéine de référence de l'OMS pour les enfants de 2-5 ans
Lipides	10-25 g	La quantité d'acide linoléique doit être ≤ 1,4 g/100 g de produit
Fibres	< 5 g	Les fibres ne sont pas digestibles, les enfants ne doivent pas trop en consommer

Source : CODEX CAC/GL08. 1991, rév. 2013

Le mélange de céréales et de légumineuses dans des proportions adéquates permet en général d'atteindre une composition en acides essentiels respectant la recommandation de qualité supérieure de 70 % de la protéine de référence OMS. Enfin, le Codex Alimentarius (Codex CAC/GL 08-1991 révisé en 2013), programme de la FAO, propose également d'ajouter des micronutriments (vitamines et minéraux) en quantités telles que la consommation d'une ration quotidienne de farine infantile sous forme de bouillie permette de couvrir au minimum 50 % des apports journaliers recommandés (FAO, OMS, 2004). Ces exigences nutritionnelles ne peuvent être couvertes que si les farines infantiles sont fabriquées à partir de mélanges de céréales, de légumineuses et d'autres intrants, notamment des compléments de minéraux et de vitamines.

Une farine saine

Une farine infantile doit être salubre; en particulier, elle ne doit pas contenir de germes pathogènes (coliformes fécaux, salmonelles), de toxines ou de résidus chimiques toxiques susceptibles d'avoir des répercussions sur la santé du nourrisson (aflatoxines et résidus de pesticides notamment). Elle doit être élaborée selon les bonnes pratiques d'hygiène (Codex CAC-RCP 1-1969). Selon la norme Codex Stan 74-1981 du Codex Alimentarius, les farines infantiles doivent être préparées, emballées et conservées dans des conditions compatibles avec l'hygiène. On peut se référer aux valeurs proposées par la norme de spécifications du Burkina Faso pour les farines infantiles NBF 01-198 adoptée en 2014 (tableau 6.6).

Tableau 6.6. Normes microbiologiques applicables aux farines infantiles (en nombre de germes par gramme de farine), selon la norme NBF 01-198 du Burkina Faso.

Paramètres	Farines à cuire	Farines instantanées
Bactéries aérobies mésophiles	$< 10^4$	$< 10^4$
Coliformes fécaux	< 100	< 20
Escherichia coli	<10	< 2
Levures et moisissures	$< 10^3$	Non précisé
Salmonelles	Absence dans 25 g	Absence dans 25 g

Une farine qui a une bonne granulométrie et qui se conserve bien

Il est recommandé que les particules de farine aient une granulométrie inférieure à 600 μm pour permettre d'obtenir des bouillies homogènes. Par ailleurs, leur taux d'humidité doit être très faible et stable, en dessous de 10 %, pour permettre une bonne conservation.

Les farines infantiles présentes sur le marché

De nombreuses marques de farines infantiles sont présentes sur le marché en Afrique de l'Ouest. Les plus répandues sont les produits

importés avec la gamme de produits habituels, mais il existe également une large diversité de produits élaborés par des entreprises locales (voir cahier couleur photo 32) comme *Vie Vital, Nutrimix, Ouando, Nourivit, Vitafor, Pépite d'or, Médivit, Fariforti, Beau Bébé, Misola, Cereso* ou autres.

Toutes les farines infantiles vendues sur le marché ne respectent pas toujours les mentions internationales obligatoires d'étiquetage, notamment la liste des ingrédients et l'identification des lots. D'une manière générale, les objectifs nutritionnels varient d'un type de farine à l'autre. Les teneurs en énergie et en protéines des farines sont en général conformes aux normes, contrairement aux autres nutriments dont les teneurs ne sont pas conformes pour certaines farines (Dimaria *et al.*, 2018). Outre l'inadéquation entre les valeurs revendiquées et les teneurs réelles en nutriments, on note également la faible densité énergétique des bouillies issues de certaines farines. Tous ces problèmes dénotent d'un manque de professionnalisme de certains fabricants et de la nécessité d'un renforcement de capacité.

Formulation des aliments de complément

Principes de base

Les aliments convenables pour les enfants et les jeunes enfants varient d'une localité à une autre en fonction de la disponibilité, du coût, des préférences alimentaires. Pour satisfaire les besoins en nutriments d'un organisme donné, il faut que les nutriments soient dans une certaine proportion dans la bouillie. Les aliments ayant des proportions différentes en nutriments, il faut savoir les combiner pour constituer la bouillie susceptible de satisfaire les besoins de l'organisme de l'enfant. La farine infantile doit être composée en respectant ce principe. C'est pourquoi les aliments de complément sont formulés à partir d'une recette constituée d'un mélange d'aliments. La recette est constituée des ingrédients du « carré alimentaire » (figure 6.6).

Aliments de base : Céréales, de préférence : maïs, sorgho, mil, riz, blé. Racines et tubercules : patate douce, taro, igname.	**Source de protéine d'origine végétale et/ou animale :** haricot, arachide, soja, viande (bœuf, mouton), volaille, lait.
Sources de vitamines et minéraux : Fruits et légumes, complément minéral et vitaminique.	**Complément lipidique :** huile, graisse.

Figure 6.6.
Le carré alimentaire.

Les sources d'énergie et de nutriments

Les sources d'énergie

La principale source d'énergie est constituée de céréales locales. Elles contiennent 7 à 14 % de protéines et jusqu'à 75 % de glucides. Les céréales les plus consommées dans les pays de l'Afrique de l'Ouest sont le maïs, le sorgho, le mil, le riz et le blé. La deuxième source d'énergie est constituée des féculents et tubercules. Dans les pays tropicaux, les plus courants sont le manioc, mais qui n'est pas recommandé pour l'élaboration de farine infantile, la patate douce, le taro, l'igname. Leur teneur en amidon est élevée et leur teneur en eau explique pourquoi les autres éléments nutritifs sont moins concentrés.

Les sources de protéines

Elles sont d'origine végétale (légumineuses) ou animale. La teneur en protéines des légumineuses sèches varie entre 20 et 25 %, 40 % pour le soja. Bien que ces protéines soient de qualité moyenne, elles sont utiles comme supplément des autres protéines alimentaires, notamment celles des céréales. Les légumineuses doivent cependant être préparées de façon soigneuse à cause des facteurs anti-nutritionnels naturels qu'elles contiennent, heureusement thermolabiles pour les plus préjudiciables (voir cahier couleur photo 31). Le soja par exemple est riche en phytates. Les formulations observées dans la plupart des pays africains utilisent le soja et des associations avec l'arachide ou le niébé. Les aliments d'origine animale utilisés sont le plus souvent le lait en poudre ou le poisson séché.

Les sources de lipides et d'acides gras

Les sources végétales de lipides sont les graines de soja, d'olive, d'arachide, de sésame, les noix de coco et de palme et les graines de coton. Elles contiennent fréquemment de la vitamine E qui agit comme un antioxydant, ce qui permet de ralentir le phénomène de rancissement. Les sources végétales de lipides contiennent souvent peu d'acides gras saturés et peuvent être sources d'acides gras essentiels.

Les sources de minéraux et de vitamines

Les légumes constituent une source importante de minéraux (calcium et fer surtout) et de vitamines, particulièrement les vitamines A et C et l'acide folique. Les fruits et notamment les agrumes sont une source excellente de vitamine C (Cameron et Hofrander, 1983). Les fruits peuvent également être utilisés comme source de minéraux, notamment la pulpe de baobab qui est riche en fer. L'amarante est à

la fois riche en vitamine A et en fer. Dans la plupart des alimentations tropicales, les sources habituelles de vitamine A sont les légumes à feuilles vertes dont le moringa et le maïs jaune (Sanghvi, 1991). Mais ces produits sont riches en eau, et il est souvent difficile de les utiliser pour la formulation de farines infantiles.

Les facteurs anti-nutritionnels

La plupart des matières premières qui entrent dans la composition des aliments de complément, notamment d'origine végétale et surtout les graines de légumineuses, sont susceptibles d'apporter des composés indésirables ou des facteurs anti-nutritionnels (Besançon, 1994). Les légumineuses sont riches en inhibiteurs de protéase (facteurs anti-trypsiques), en lectines, en sucres responsables de flatulence, en agents complexant les métaux. Certaines céréales telles que le sorgho et le mil contiennent des quantités importantes de polyphénols et de tannins. Les effets anti-nutritionnels et toxiques de ces composés sont connus. Par exemple, les tannins forment des complexes avec les protéines; les phytates forment des complexes avec les minéraux divalents tels que le fer, le zinc, le calcium, réduisant ainsi la disponibilité de ces nutriments (Weaver et Kannan, 2002, Nout *et al.*, 2003). Les facteurs anti-nutritionnels appartiennent à des classes chimiques très variées et leurs effets sont extrêmement divers.

Guide de formulation des farines de complément

Pour formuler une farine de complément sur la base du carré alimentaire, on procède comme suit :

Étape 1. Décider de la quantité d'énergie, de protéines et autres nutriments que la farine de complément doit fournir.

Étape 2. Choisir l'aliment de base, de préférence une céréale.

Étape 3. Choisir une ou plus d'une source protéique en tenant compte du coût et de la disponibilité. La valeur protéique de l'aliment est améliorée s'il y a une source d'origine animale, même en petite quantité.

Étape 4. Décider de la quantité de l'aliment de base et de la source de protéine à utiliser.

Étape 5. Calculer la valeur énergétique du mélange. Faire en sorte que la concentration énergétique soit élevée pour un faible volume; par exemple 120 kcal/100 ml de bouillie alors que les bouillies traditionnellement préparées sont à 60 kcal/100 ml.

Étape 6. Choisir les sources de vitamines et minéraux. Les feuilles vert foncé et les fruits sont plus indiqués. Se rappeler que la biodisponibilité du fer des aliments d'origine végétale augmente lorsqu'il y a un aliment qui contient la vitamine C (pulpe du fruit de baobab) ou une petite quantité de protéine d'origine animale.

Étape 7. Choisir le complément énergétique pour augmenter la densité énergétique de l'aliment.

Étape 8. Décider quel produit aromatisant ajouter pour améliorer l'acceptabilité. Éviter les aliments piquants.

Étape 9. Choisir une méthode de fabrication qui préserve la plupart des nutriments.

Par ailleurs, l'énergie provenant des glucides doit représenter 50 à 55 % de l'apport énergétique total. L'énergie provenant des protéines doit représenter 12 % (dont la moitié en protéines animales) de l'apport énergétique total. L'énergie provenant des lipides ne doit pas dépasser 30-35 % de l'apport énergétique total.

7. Impact de la mécanisation et développement des petites entreprises

En Afrique subsaharienne, un des enjeux majeurs des prochaines décennies est l'équipement des acteurs du secteur agricole pour satisfaire les besoins croissants de production, de conservation et de transformation des produits agricoles nécessaires à la sécurité alimentaire d'une population en augmentation, tout en assurant la préservation du milieu.

La mécanisation est un processus complexe et dynamique qui ne peut pas être seulement apprécié du point de vue de la substitution d'un facteur ou de la contribution nette à la production. Elle entraîne aussi des changements fondamentaux et interdépendants dans la nature et la performance des services de soutien à l'agriculture et dans les stratégies des agriculteurs et des acteurs du secteur agricole en général (Sims *et al.*, 2016). Ceci concerne bien évidemment les procédés de transformation, secteur où la mécanisation contribue sensiblement à la sécurité alimentaire et à la réduction de la pauvreté (Allogni *et al.*, 2006), affecte l'emploi et favorise l'émergence et le développement d'unités ou d'entreprises de transformation.

En Afrique de l'Ouest comme dans de nombreux pays africains, les différents maillons intermédiaires entre la production et la demande alimentaires devront contribuer plus fortement encore à la réduction de la pauvreté en générant suffisamment d'activités et d'emplois afin d'absorber la croissance rapide de la population active. La transformation des produits agricoles par des artisans, de très petites entreprises (TPE), mais aussi un nombre croissant de petites et moyennes entreprises (PME) connaît un essor important. Cette dynamique engendre des opportunités remarquables qu'il convient de soutenir vigoureusement pour contribuer à nourrir plus durablement les populations et à donner des emplois aux millions de jeunes qui arrivent chaque année sur le marché du travail (Losch, 2012).

Pour les bénéficiaires, la mécanisation des procédés de transformation répond à plusieurs enjeux : transformer plus pour un même travail et/ou accroître les quantités transformées, répondre à une forte demande en travail et en réduire la pénibilité, améliorer les conditions de vie. Les unités de transformation doivent aussi utiliser des innovations techniques (approvisionnement en produits de qualité, systèmes de nettoyage, stockage, et triage, méthodes de conservation) pour atteindre les seuils de productivité qui permettent de financer la mécanisation de la transformation.

Ce chapitre traite des impacts de la mécanisation des procédés de transformation sur le travail, l'emploi et les inégalités, sur le développement de différents types d'entreprises de transformation, sur les besoins en services d'appui et sur les risques liés à l'essor du secteur de la transformation.

L'impact sur le travail et sur l'emploi des femmes

Destruction ou création d'emploi ?

L'évaluation de l'impact de la mécanisation agricole sur l'emploi reste controversée. Certains l'accusent d'une possible augmentation du chômage dans les zones sans pénurie de main-d'œuvre, ce qui favorise l'exode rural par l'augmentation importante de la productivité permise par la mécanisation. D'autres considèrent qu'elle crée de nouveaux services et des emplois plus attractifs en milieu rural nécessitant de nouvelles compétences comme la fabrication, le renouvellement et l'entretien des machines, et générant donc des besoins de formation.

En France, entre 1945 et 1970, les gains de productivité consécutifs à la mécanisation de l'agriculture ont permis d'économiser de la main-d'œuvre qui a été de plus en plus employée dans l'industrie, puis dans les services (Menard et Vignolles, 2013). Avec la mécanisation, certains emplois disparaissent, d'autres sont créés : il se produit une redistribution du travail dans le temps et entre les industries (Beach, 1971). Le progrès technique est biaisé en faveur des travailleurs qualifiés en lien avec la conception et la diffusion des innovations ; l'offre de travail non qualifiée devient excédentaire et se traduit par une hausse du chômage (Menard et Vignolles, 2013). Le progrès technique crée des inégalités face à l'emploi.

En Afrique de l'Ouest, l'industrie et les services sont moins développés qu'en Europe, la redistribution de la main-d'œuvre agricole vers l'industrie et les services est faible. Actuellement, toutes les opérations de production et de transformation agricoles n'étant pas mécanisées, les pertes d'emplois non spécialisés liées à la mécanisation sont moins importantes qu'en Europe. Le développement de la mécanisation

en général, et de la transformation en particulier, se traduit par des besoins en main-d'œuvre qualifiée (opérateurs pour le fonctionnement des équipements de transformation, mécaniciens, artisans, entreprises de fabrication, gestionnaires d'entreprises de transformation, conseillers spécialisés) et en programmes de formation adaptés. Aujourd'hui, ces besoins ne sont généralement pas couverts, ce qui entraîne des freins importants au développement des entreprises de transformation.

Allègement de la pénibilité du travail des femmes

Depuis plusieurs décennies, les projets et les programmes de mécanisation de la transformation des céréales et des légumineuses visent essentiellement l'allègement des travaux domestiques des femmes pour le bien-être de la famille. Depuis les années 2010, l'appui à l'entrepreneuriat féminin et aux jeunes est également pris en compte. En effet, ce sont les femmes qui traditionnellement ont en charge la transformation des céréales et des légumineuses pour les besoins alimentaires de la famille. Ces travaux réalisés manuellement au pilon et mortier sont pénibles et peu performants. Leur mécanisation vise à réduire la pénibilité et à développer la productivité du travail en augmentant les débits traités. Elle permet également d'améliorer la qualité de la transformation de certains produits et d'accroître les revenus. Il est couramment admis que la mécanisation du décorticage et de la mouture des céréales et des légumineuses a permis d'alléger l'emploi du temps très chargé des femmes. Elles peuvent alors consacrer plus de temps à d'autres activités dont certaines, dans le commerce, l'artisanat ou l'alimentation de rue, sont génératrices de revenus.

Entreprises de transformation et populations vulnérables

Dans le développement d'entreprises de transformation, il faut rester très attentif aux effets sur les populations vulnérables (personnes pauvres, femmes, jeunes). En effet, le coût parfois élevé des unités de transformation exclut les plus pauvres qui ne bénéficient généralement pas de crédits bancaires. Dans de nombreuses situations, les femmes n'ont pas accès à des postes de gestion et de mise en œuvre des équipements dans les entreprises qui se mécanisent. Dans ces conditions, l'introduction d'équipements en substitution au travail manuel se traduit par une perte d'emploi pour les femmes et leur remplacement par des opérateurs hommes, généralement des jeunes.

À titre d'exemple, au Mali, la diffusion de décortiqueurs à fonio dans les entreprises ou chez des prestataires de services s'est accompagnée de la disparition de certains groupements de femmes qui traditionnellement réalisaient au mortier et pilon la prestation de décorticage-blanchiment pour les petites et moyennes entreprises (PME) (Ferré *et al.,* 2018). Cependant, l'accroissement de la production des entreprises, grâce à cette mécanisation, a permis d'embaucher des femmes pour réaliser d'autres tâches manuelles telles que le lavage-dessablage du fonio. Bien que ces entreprises soient fréquemment dirigées par des femmes, le fonctionnement et la gestion technique des décortiqueurs et plus généralement des équipements sont invariablement confiés à des hommes.

La mécanisation des opérations de transformation des grains permet de réduire la pénibilité du travail généralement effectué par les femmes, mais elle aboutit parfois à accroître l'inégalité d'accès des femmes au travail et notamment aux emplois salariés dans les PME de transformation des céréales qui sont souvent implantées dans les capitales ou villes secondaires. Quasi systématiquement, la mécanisation reste une affaire d'hommes. Une meilleure intégration des femmes dans les programmes de mécanisation passe également par la prise en compte de la question des normes et des valeurs sociales locales. Ce constat devrait donner lieu à des mesures incitatives appropriées notamment en matière d'accès des femmes à des formations spécifiques dans le domaine de la mécanisation.

Le développement de différents types d'entreprises de transformation

La mécanisation des opérations de transformation des céréales et des légumineuses a conduit progressivement au développement de différents types d'entreprises de transformation : très petites entreprises et artisans (TPE), petites et moyennes entreprises (PME) et grandes entreprises ou entreprises industrielles (TGE).

Différents types d'entreprises de transformation du paddy à l'Office du Niger au Mali

Les différents types d'entreprises de transformation sont représentés dans le cas de la transformation du paddy à l'Office du Niger au Mali (figure 7.1). Chacune d'entre elles répond à différents besoins des producteurs et des consommateurs.

Les très petites entreprises sont généralement équipées d'une seule machine (moulin), parfois de deux (décortiqueur et moulin) pour les besoins de la population d'un village d'environ 1 000 personnes. Elles fonctionnent généralement sous forme de prestations de service de petites quantités (quelques kilos) pour les besoins des familles, et parfois pour des quantités plus importantes (centaines de kilos) pour des commerçants au moment des périodes de récolte et de commercialisation. Le riz à transformer doit être propre avant d'être décortiqué ou blanchi mécaniquement. Le produit fini à la sortie de la machine a besoin d'être nettoyé et trié pour enlever les impuretés et le rendre plus homogène, avant sa vente sur les marchés ou sa consommation.

Les petites et moyennes entreprises sont équipées d'un ensemble de machines, quelquefois d'infrastructures de stockage de la matière première et des produits finis. Ces PME peuvent transformer quelques milliers de tonnes par an. Elles achètent de la matière première aux producteurs ou aux organisations de producteurs, certaines appartenant à des privés transforment aussi leur propre production, d'autres encore font de la prestation de service à la demande pour des quantités de plusieurs centaines de kilogrammes à plusieurs tonnes. Ces installations sont équipées d'un système de nettoyage des impuretés dans la matière première. Les grains nettoyés sont ensuite transformés, donnant des produits finis (grains blanchis, brisures, farines) et des résidus (balles et sons). Les produits finis élaborés par les PME sont généralement plus propres que ceux qui sont obtenus par les unités artisanales. Le triage et le calibrage des produits finis ne sont pas toujours effectués systématiquement, mais à la demande des clients.

Les entreprises industrielles sont équipées d'un ensemble de machines et d'infrastructures de stockage de la matière première et des produits finis. Ce sont des installations capables de produire annuellement plusieurs milliers ou dizaines de milliers de tonnes. Généralement, elles achètent la matière première (céréales, légumineuses) aux producteurs ou aux organisations de producteurs au moment des récoltes. Puis elles la stockent afin de pouvoir alimenter les machines pendant plusieurs mois. Après transformation, elles vendent ensuite les produits finis sur le marché. Les installations sont généralement équipées d'un système de nettoyage des grains entiers afin d'éliminer les diverses impuretés. Les grains propres sont ensuite transformés (par exemple décorticage et blanchiment pour le riz paddy, décorticage et mouture pour le maïs, le mil et le sorgho) pour fournir des produits finis (grains décortiqués, blanchis, farines ou semoules) avec des coproduits (balles, son) qui sont séparés. Les produits finis qui sont rarement homogènes sont triés, pesés puis ensachés. Pour ces entreprises, il est important que les différents produits finis soient d'une qualité qui corresponde aux besoins des consommateurs. Les différents niveaux de transformation du riz paddy à l'Office du Niger au Mali sont illustrés en figure 7.1.

Au Sénégal également, on retrouve les différents types de rizeries décrites au Mali. La très grande majorité d'entre elles sont localisées le long de la vallée du fleuve Sénégal. Un recensement effectué dans cette vallée, en 2015, fait état de 570 unités de décorticage artisanal de riz paddy, dont 458 sont fonctionnelles et interviennent en prestation de service ou en production. On dénombre également 27 rizeries semi-industrielles ou industrielles dont les capacités varient de 1,5 t/h à 6 t/h. Plus de 75 % des unités artisanales recensées sont équipées de décortiqueurs importés, soit de type Jet pearler (299 unités), soit Engelberg (138 unités). Le type Jet pearler est un blanchisseur à friction (figure 3.18) qui est curieusement utilisé au Sénégal comme décortiqueur-blanchisseur. Seules 10 installations sont constituées d'une unité compacte (figure 3.8). Enfin, 123 décortiqueurs artisanaux sont de fabrication locale selon le modèle Engelberg (Feed the future, 2015).

Les contraintes du secteur de la transformation sont liées à la qualité des produits finis, aux performances des équipements et des unités de transformation, et au contexte économique, notamment la variation des coûts de la matière première, le fonctionnement des unités de transformation, et les prix de vente des produits issus de la transformation.

L'obtention de produits finis de qualité dépend de l'ensemble du processus allant de la production à la commercialisation, comme le montre l'exemple de la transformation du paddy à l'Office du Niger au Mali (figure 7.2) :

– de mauvaises pratiques de production, de récolte, de battage et de stockage de la matière première entraînent des pertes et affectent la qualité de cette dernière et son aptitude à la transformation ;

– des équipements de transformation peu performants et inadaptés affectent le rendement de la transformation et la qualité des produits transformés ;

– le non-respect des règles de la transformation (pas de nettoyage, mélange de variétés, taux d'humidité trop élevé ou trop faible, pas de calibrage) et des infrastructures de stockage peu appropriées entraînent des pertes de produits transformés et une dépréciation de leur qualité.

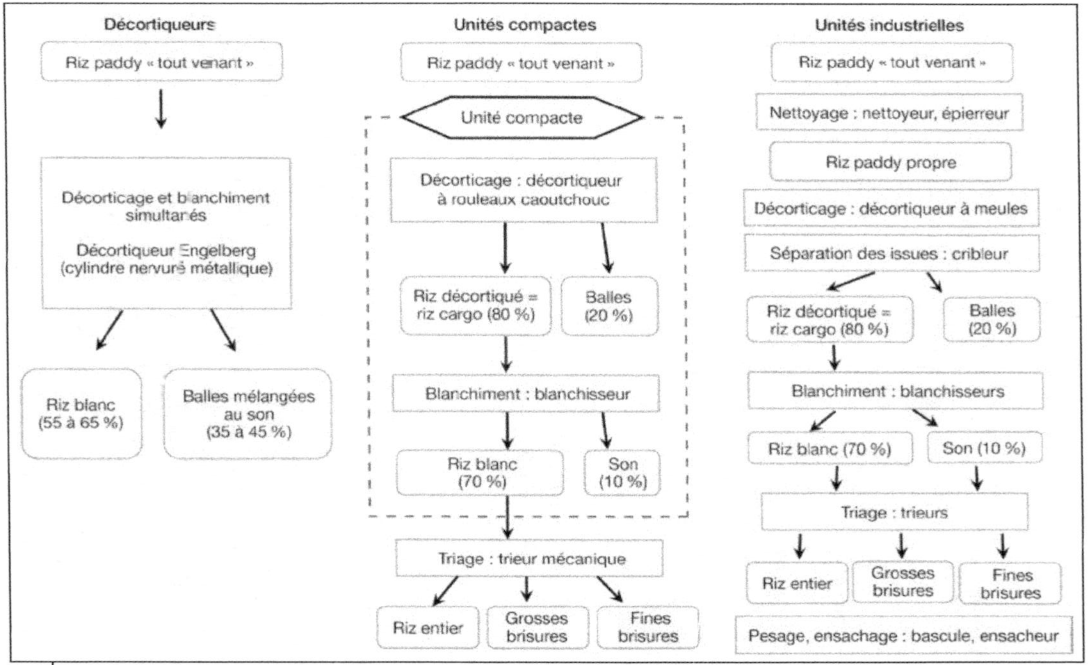

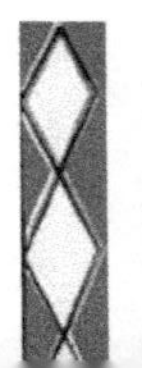

Décortiqueurs

Riz paddy « tout venant »

Décorticage et blanchiment simultanés

Décortiqueur Engelberg (cylindre nervuré métallique)

Riz blanc (55 à 65 %)

Balles mélangées au son (35 à 45 %)

Unités compactes

Riz paddy « tout venant »

Unité compacte

Décorticage : décortiqueur à rouleaux caoutchouc

Riz décortiqué = riz cargo (80 %)

Balles (20 %)

Blanchiment : blanchisseur

Riz blanc (70 %)

Son (10 %)

Triage : trieur mécanique

Riz entier

Grosses brisures

Fines brisures

Unités industrielles

Riz paddy « tout venant »

Nettoyage : nettoyeur, épierreur

Riz paddy propre

Décorticage : décortiqueur à meules

Séparation des issues : cribleur

Riz décortiqué = riz cargo (80 %)

Balles (20 %)

Blanchiment : blanchisseurs

Riz blanc (70 %)

Son (10 %)

Triage : trieurs

Riz entier

Grosses brisures

Fines brisures

Pesage, ensachage : bascule, ensacheur

Figure 7.1.
Entreprises de transformation du riz paddy à l'Office du Niger au Mali (Havard, 2003). En 2012 1 170 décortiqueurs Engelberg, 11 minirizeries, 1 unité industrielle.

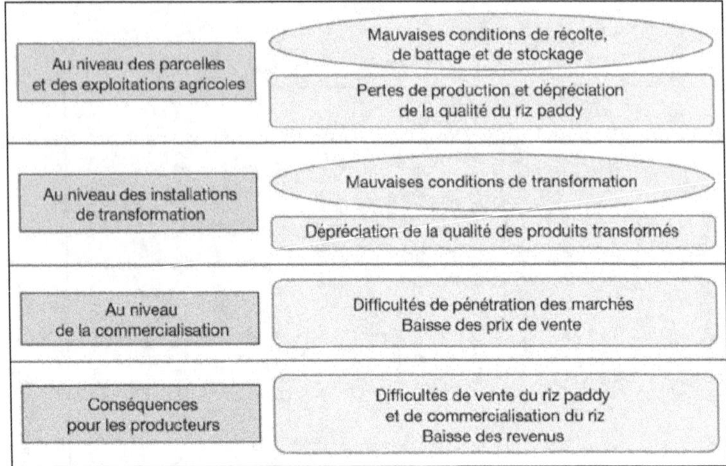

Figure 7.2.
Effets des mauvaises pratiques post-récolte du riz paddy (Coulibaly et Havard, 2015).

Une préoccupation constante des propriétaires et des gestionnaires des entreprises de transformation doit être d'améliorer la gestion de leurs entreprises pour les rendre plus performantes techniquement et économiquement.

Pour cela, il faut :
- assurer un fonctionnement quotidien régulier et sur une longue période, d'où la nécessité de stocker suffisamment de matière première, dans de bonnes conditions de conservation, pour que l'unité fonctionne plusieurs mois;
- disposer d'équipements (nettoyeurs, décortiqueurs, trieurs) adaptés, bien réglés et bien entretenus, d'infrastructures bien dimensionnées, et de ressources humaines compétentes et bien formées afin d'obtenir des produits de qualité répondant aux besoins des consommateurs;
- écouler les produits selon les conditionnements adaptés à la demande des consommateurs et à des prix assurant la rentabilité, c'est-à-dire couvrant le prix d'achat de la matière première et le coût de fonctionnement de l'unité;
- disposer de financements suffisants et disponibles au bon moment pour acheter et stocker la matière première, et de trésorerie pour assurer le fonctionnement quotidien : paiement du personnel, entretien et réparation des installations, etc.

Émergence de PME de transformation et rôle de l'innovation technique

Dans la typologie présentée précédemment, les catégories des TPE et des PME sont celles qui connaissent la plus forte dynamique. Le cas du secteur de la transformation du fonio au Mali en offre une bonne illustration. Lors d'un recensement effectué en 2014 à Bamako dans le cadre du projet « Aval Fonio », il a été possible d'inventorier 71 entreprises de transformation du fonio dans la capitale malienne. Cet effectif était en augmentation de près de 34 unités par rapport au précédent recensement qui datait de 2007 (Ferré *et al.*, 2016).

Sur la base de ce recensement, une enquête conduite auprès d'un échantillon de 42 entreprises de transformation du fonio montre que près de 80 % des entreprises ont été créées entre 2000 et 2014 (figure 7.3). Cette croissance soudaine du nombre d'entreprises semble directement résulter de la mécanisation du décorticage du fonio par la mise au point du décortiqueur à fonio GMBF.

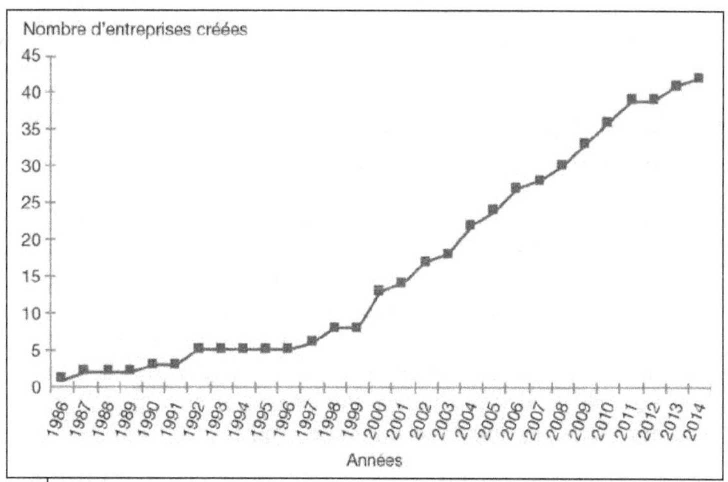

Figure 7.3.
Évolution cumulée de la création d'entreprises fonio à Bamako (Ferré *et al.*, 2016).

L'étude de cas conduite en 2016 sur la mécanisation du décorticage du fonio au Mali et au Burkina Faso a permis de mettre en évidence l'importance de cette innovation technique sur le développement de ce secteur. Jusqu'à la diffusion du décortiqueur à fonio GMBF, le décorticage manuel constituait un point de blocage fortement limitant pour la croissance des entreprises, en les empêchant de répondre à la fois à la demande des marchés urbains et au développement du marché à l'exportation. À partir de l'année 2002, la mécanisation de cette opération de décorticage a constitué une innovation technique décisive dans le changement d'échelle de production. Au départ, cette innovation a bénéficié à quelques entreprises pionnières qui ont pu s'équiper et ont ainsi accru considérablement leurs volumes de production, passant de quelques dizaines ou centaines de kilos à plusieurs centaines de tonnes de fonio traitées par an (Ferré *et al.*, 2016).

Puis, l'accès au décorticage mécanique s'est généralisé *via* l'apparition d'entreprises privées de prestation de services qui se sont implantées dans la capitale malienne comme dans certaines villes secondaires au Mali et au Burkina Faso. Grâce principalement à ces entreprises de prestation de services, la totalité des unités s'approvisionnent aujourd'hui en fonio décortiqué mécaniquement. C'est également le cas pour l'opération de blanchiment, que ces mêmes prestataires réalisent aussi. L'étude révèle qu'un prestataire de la ville de San, équipé de six décortiqueurs à fonio, usinerait près de 1 200 t/an de fonio paddy.

Le développement de services en appui à la mécanisation de la transformation

L'offre de produits des entreprises de transformation doit répondre aux demandes des marchés, tant en quantité qu'en qualité. Cela nécessite en particulier d'améliorer les performances et la qualité des produits issus de ces entreprises de transformation. Il faut donc disposer d'équipements et de machines adaptés, de fonds pour financer des installations souvent coûteuses, de matières premières de qualité, de personnels compétents pour le fonctionnement et la gestion des installations, de produits transformés de qualité.

Les différents types d'entreprises de transformation ne peuvent pas se développer, ni fonctionner sans la mise en place de services appropriés (fournitures d'équipements, maintenance des machines, octroi de financements, formation et appui conseil, commercialisation des produits) par les opérateurs privés, mais aussi avec l'appui de l'État ou dans le cadre de partenariats public-privé.

Les opérateurs privés sont concernés surtout par les services rémunérateurs, tels que :

– les importateurs, les fournisseurs et les fabricants locaux (entreprises, artisans) pour l'approvisionnement en équipements, machines et installations ;
– les TPE et certaines PME qui achètent les fabrications locales (encore insuffisamment développées) ;
– les banques et les autres organismes de crédits pour l'octroi de financements pour les investissements (machines et infrastructures) et le fonctionnement, en particulier des fonds de roulement pour l'achat de la matière première par les PME et les grandes entreprises ;
– les commerçants, les ateliers de réparations, les mécaniciens pour la maintenance et les réparations des machines et des installations et la fourniture de pièces détachées.

En reprenant l'exemple du développement des unités semi-industrielles de transformation du riz paddy dans la vallée du fleuve Sénégal, il apparaît que les difficultés d'accès au financement bancaire restent parmi les principaux freins à l'amélioration de la qualité de leur production. Ces crédits doivent leur permettre de s'approvisionner en riz paddy mais aussi d'investir dans des équipements (nettoyeurs, séchoirs, trieurs) et des infrastructures complémentaires (cellules de stockage du riz paddy, magasins de stockage du riz blanchi). Ces améliorations sont indispensables pour que le riz blanc produit soit de meilleure qualité.

L'État intervient surtout dans la mise en place des services non rémunérateurs et qui ne peuvent généralement pas être pris en charge entièrement par les acteurs du secteur de la transformation. Il s'agit de :
– la formation et le renforcement des compétences des personnes nécessaires au fonctionnement des entreprises de transformation ;
– l'appui-conseil (aide à la décision) aux entreprises de transformation qui revêt différentes formes (stratégique sur les investissements, tactique sur le fonctionnement et la gestion des installations, technique sur le fonctionnement et l'entretien des machines et équipements, économique sur la rentabilité des entreprises, etc.) ;
– les mécanismes d'incitation au développement du secteur de la transformation (subventions, exonération de taxes, etc.) ;
– l'appui à la mise en place de programmes de recherche-développement et de développement dans le secteur de la transformation sur les machines et équipements, sur les produits transformés et sur les filières.

Le processus de la mécanisation des agricultures familiales exigera donc du temps et des investissements humains, matériels et financiers importants et stables sur le long terme, et devra s'appuyer davantage sur le secteur privé et les organisations de producteurs.

En Afrique de l'Ouest, le développement de la mécanisation (production et transformation) est parfois freiné par un environnement socio-économique peu propice caractérisé par la faiblesse des investissements dans ce secteur (politiques, équipements, formations, infrastructures) et par les difficultés d'accès aux équipements, aux pièces détachées et à leurs financements (Havard, 2016). Les machines et les équipements disponibles chez les importateurs et les fabricants locaux ne sont pas toujours adaptés aux conditions d'utilisation et sont relativement onéreux. Les institutions financières sont souvent réticentes à soutenir l'investissement et les fonds de roulement dans les différents types d'entreprises de transformation, et les taux d'intérêts sont généralement élevés. Les délais d'obtention des pièces détachées, parfois très longs, immobilisent les entreprises plusieurs jours, voire plusieurs semaines, et peuvent réduire leur rentabilité. Les équipements sont parfois mal utilisés ou mal gérés en raison d'un manque de compétence des utilisateurs. Les États et leurs partenaires considèrent souvent leur intervention comme difficile et peu pertinente, en raison du grand nombre d'unités, du manque de structuration du secteur et de la faible rémunération du travail (Broutin et François, 2018). Il apparaît alors indispensable de développer des structures et des programmes de formation et d'appui-conseil adaptés au secteur de la transformation et d'accroître les investissements dans la recherche et les expérimentations pour que les équipements et les installations soient mieux adaptés au contexte local.

Le développement du secteur de la transformation et l'environnement

Le développement de certaines entreprises de transformation peut augmenter les pollutions liées aux poussières et aux nuisances sonores pouvant occasionner des maladies aux opérateurs et aux personnes travaillant dans les entreprises de transformation. Les pollutions liées à l'accumulation des déchets et de sous-produits non utilisés des entreprises de transformation sont aussi à prendre en compte (GTZ/BMZ, 1996).

L'impact le plus important lié au développement des entreprises de transformation et plus généralement du secteur agroalimentaire en Afrique est l'augmentation considérable de la demande énergétique qui va accroître la dépendance énergétique de nombreux pays. Ainsi, le prix du baril de pétrole a augmenté de 487 % entre 1990 et 2013,

tendance qui semble durable (UNCTADSTAT, 2013). L'augmentation générale de la demande énergétique est évaluée à près de 30 % à l'horizon 2030 par l'Agence internationale de l'Énergie.

Les unités de transformation des céréales, comme la plupart des unités agroalimentaires mettant en œuvre des procédés plus ou moins mécanisés, ont des besoins en énergie pour la production de chaleur principalement lors des opérations de cuisson et de séchage mais également pour la production de force motrice notamment lors des opérations de décorticage, broyage et mouture.

Dans la plupart des cas, y compris dans les unités implantées en zone urbaine, la cuisson est réalisée sur des foyers à bois ou à charbon. Bien que très peu efficients, ces foyers demeurent toutefois les plus utilisés y compris dans les plus grosses unités de transformation. Les impacts de l'utilisation du bois de feu dans ces foyers sont considérables sur la diminution des ressources forestières. Une étude réalisée au Burkina Faso et au Mali en 2007 (Rivier et Cruz, 2007) a évalué à 45 t/an de bois la consommation d'une entreprise de transformation de fonio produisant 200 t/an de fonio. Les conséquences de l'utilisation des foyers à bois sont importantes en termes de santé publique. Certains composés chimiques présents dans la fumée (formaldéhyde, monoxyde de carbone, oxydes d'azote, hydrocarbure aromatique polycyclique, particules fines) des foyers à bois sont responsables de maladies cardiorespiratoires et sont considérés comme de réelles sources de mortalité (IOB, 2013).

Le séchage qui est très présent lors des opérations de transformation des céréales a également connu une forte mécanisation depuis le milieu des années 1990. En substitution au séchage solaire direct passif, l'utilisation de séchoirs à gaz s'est développée, comme en témoigne la large diffusion des séchoirs à gaz de type Atesta proposés par l'ONG Centre écologique Albert Schweitzer (CEAS). Ces dernières années, de nouveaux équipements intégrant des systèmes de ventilation sont apparus. C'est le cas du séchoir à flux traversant CSec-T développé par le Cirad et entièrement fabriqué localement à l'exception du ventilateur qui doit être importé (Cruz *et al.,* 2017). Ce processus de mécanisation a fortement contribué à l'amélioration de la productivité et de la qualité des produits céréaliers commercialisés par les entreprises agroalimentaires. Elles ont ainsi pu mieux satisfaire la demande des marchés nationaux et internationaux à la fois en quantité et en qualité des produits. Du fait du coût du gaz importé, certains États le subventionnent pour ne pas trop pénaliser les entreprises et les ménages. Ce développement vient fortement contribuer à accroître la dépendance énergétique des pays. Le poids de plus en plus lourd de la facture énergétique devrait pousser les États à développer des programmes de recherche visant la mise en œuvre de solutions plus durables.

Par ailleurs, en Afrique de l'Ouest notamment, l'accès à l'énergie électrique est à la fois coûteux, peu fiable et souvent sujet à de nombreux délestages qui pénalisent fortement les entreprises de transformation. La situation s'avère souvent beaucoup plus critique dans les villes secondaires ou en zone rurale, où l'approvisionnement énergétique dépend souvent de systèmes autonomes à base de groupes électrogènes fonctionnant au gasoil ou de systèmes solaires photovoltaïques de puissance limitée. Plus rarement, cet approvisionnement dépend d'une connexion au réseau électrique national qui dessert prioritairement les capitales. Cette difficulté d'accéder aux services de fourniture d'électricité fiable entrave l'implantation des PME agroalimentaires dans les petites villes et favorise leur déplacement vers les capitales.

Dans le cas des systèmes autonomes à base de combustibles fossiles, l'approvisionnement en carburant est irrégulier en quantité et en qualité (rupture d'approvisionnement à partir des ports d'importation de produits pétroliers, problème de transport jusqu'en zones rurales, coût final de l'énergie).

L'engagement de ces pays dans le développement des énergies renouvelables est donc un défi auquel ils doivent répondre. Il passe par la mise au point de procédés et d'équipements moins énergivores et par l'adaptation ou la conception de solutions innovantes en matière de production d'énergie renouvelable.

Perspectives

Le développement de la mécanisation (production et transformation) exigera du temps et des investissements humains, matériels et financiers importants et stables sur le long terme et devra davantage s'appuyer sur le secteur privé et les organisations de producteurs.

Ces perspectives reprennent des éléments du rapport de 2018 du Panel Malabo-Montpellier. Ce groupe est composé d'experts africains et internationaux dans les domaines de l'agriculture, de l'écologie, de la sécurité alimentaire, de la nutrition, des politiques publiques et du développement mondial. Leurs réflexions sur la mécanisation agricole mettent en exergue les nombreux défis à relever par le secteur de la mécanisation des procédés de transformation.

Les technologies post-récolte et de transformation contribuent à accroître la commercialisation des produits des agriculteurs en ajoutant de la valeur aux cultures, tout en réduisant les pertes et les gaspillages d'aliments et en renforçant la sécurité alimentaire. Grâce à la mise en œuvre de nouvelles techniques de transformation, la mécanisation permet de réduire les pertes au stade post-récolte et de répondre à la demande en aliments nutritifs tout en améliorant les normes de sécurité alimentaire (Malabo-Montpellier Panel, 2018). La mécanisation vise également à accroître la qualité et la valeur du travail en entraînant une augmentation des revenus et en offrant de nouvelles opportunités d'emplois plus attractifs, notamment pour les jeunes et les femmes qui jouent un rôle prépondérant dans les secteurs informels de la transformation et du commerce des aliments. Elle peut contribuer de manière significative au développement de systèmes alimentaires plus efficaces et inclusifs, permettant aux activités après récolte, de transformation et de commercialisation de devenir plus efficaces et durables.

En 2018, le Panel Malabo-Montpellier a recommandé :
- d'attribuer une priorité aux stratégies nationales d'investissement dans la mécanisation agricole dans les plans nationaux d'investissement agricole ;
- de concevoir les voies de la mécanisation de manière à ce qu'elles soient socialement durables ;
- de prioriser la mécanisation tout au long de la chaîne de valeur agricole ;
- de donner la priorité à la mécanisation dans chaque segment de la chaîne de valeur agricole, de la production à la manipulation et au traitement post-récolte ;
- d'augmenter les investissements dans le développement d'infrastructures de soutien et de formation professionnelle à grande échelle ;
- d'inciter le secteur privé à développer la mécanisation en créant un environnement commercial et de services propices ;
- de développer une industrie africaine de la machinerie agricole spécifique au contexte grâce à de solides partenariats public-privé ;
- d'habiliter les petits exploitants agricoles et les groupes de femmes en les impliquant dans le développement de machines et de technologies adaptées localement ;
- de rechercher l'augmentation de la rentabilité des investissements dans la mécanisation et en focalisant les investissements et l'accompagnement sur l'augmentation de la rentabilité des exploitations et des entreprises agricoles.

Conclusion

Les grains de céréales et de légumineuses sont à la base de la ration alimentaire des populations de nombreux pays du Sud. Avec l'urbanisation croissante, les consommateurs qui souhaitent diversifier leur alimentation recherchent de plus en plus des produits déjà transformés, prêts à cuire ou à consommer, de bonne qualité hygiénique et correspondant à leur préférence au plan organoleptique. L'obtention de ces produits nécessite la mise en œuvre d'une succession d'opérations pour transformer la matière première (grains) en différents types de produits plus ou moins élaborés (grains décortiqués, grains blanchis, farines, semoules, produits roulés, produits précuits).

À l'origine, les activités de transformation agroalimentaire sont réalisées par les femmes et font souvent appel aux savoir-faire et aux ustensiles de la cuisine familiale. En proposant des produits traditionnels prêts à l'emploi ou prêts à consommer aux populations urbaines, les femmes ont créé un véritable artisanat marchand et un marché de produits manufacturés vendus dans les boutiques de quartiers et sur les étalages des marchés ou s'appuyant sur la restauration de rue. Puis, en diversifiant leur offre avec des produits mieux stabilisés et de meilleure qualité ou de nouveaux produits mieux adaptés aux demandes des consommateurs urbains, certaines artisanes pionnières ont créé de véritables petites entreprises agroalimentaires qui alimentent aussi les supermarchés.

Dans ce domaine, la mise en œuvre de technologies de transformation améliorées est apparue indispensable pour accroître la productivité des opérations unitaires (nettoyage, décorticage, dessablage, mouture, roulage) et diminuer la pénibilité du travail des opératrices. Si ce secteur des petites entreprises est particulièrement apte à l'élaboration et à la mise en marché de nouveaux produits de bonne qualité, il est également ouvert à l'adoption et à la diffusion d'innovations technologiques qu'il importe de promouvoir par le développement des fabrications locales d'équipements et la mise en place de services de maintenance (entretien et pièces détachées). Le fort potentiel de développement des secteurs artisanal et semi-industriel nécessite aujourd'hui une meilleure formation et un accompagnement étroit des opérateurs pour mieux assurer l'efficience et la durabilité des activités au sein de ces entreprises.

À l'interface entre la production et la consommation, les entreprises artisanales et semi-industrielles de transformation des produits agricoles jouent un rôle fondamental dans la sécurité alimentaire des populations en générant des emplois, particulièrement pour les femmes et les jeunes, et en valorisant au mieux les cultures vivrières de très nombreux petits producteurs, limitant de ce fait l'exode rural dans les pays du Sud.

Références bibliographiques

Abé Y., 2007. *Le décorticage du riz. Typologie, répartition géographique et histoire des instruments à monder le riz.* Éditions de la Maison des sciences de l'homme, Paris, 582 p.

Abecassis J., 2015. *La filière blé dur.* Inra, UMR IATE, diaporama.

Abecassis J., 1991. Les moutures sèches. B. La mouture du blé dur. *In :* Godon B., Willm C., éds. *Les industries de première transformation des céréales.* Tec & Doc, Éditions Lavoisier, Paris, p. 362-396.

Abecassis J., Alary R., Jourdan E., Miche J.C., 1978. Fabrication de semoules et farines de sorgho par broyage, tamisage et sassage. *Bulletin des anciens élèves de l'école nationale supérieure de meunerie et des industries céréalières*, 285 : 11 p.

Aboua F., Memlin J., Kossa A., Kamenan A., 1989. Transformation traditionnelle de quelques céréales cultivées en Côte d'Ivoire. *In :* Parmentier M., Foua-Bi K., éds. *Céréales en régions chaudes*. John Libbey Eurotext, Paris, p. 223-229.

Ahouansou R.H., 2012. *Contribution à la mise au point et à l'optimisation des équipements de transformation agroalimentaire au Bénin : Cas de la décortiqueuse de néré et de la presse d'*afitin. Thèse de doctorat, université d'Abomey-Calavi, Bénin, 285 p.

Allogni W.N., Coulibaly O., Djade M.K., Hounkponou S., Cornet D., 2006. Impact de la mécanisation de la transformation des tubercules d'igname et de racines de manioc en cossettes sur les moyens d'existence durables des ménages en Afrique de l'Ouest : cas du Bénin et du Togo. *Bulletin de la Recherche agronomique du Bénin*, 52 : 32-46.

Altarelli Herzog V., 1985. *Les programmes d'installation de moulins villageois. Quelles conditions pour leur réussite en milieu rural sahélien ?* FAO, Rome.

Angladette A., 1966. *Le riz.* Maisonneuve et Larose, Paris, 930 p.

Araullo E.V., De Padua D.B., Graham M., 1976. *Rice postharvest technology.* International Development Research Centre, Ottawa, 394 p.

Arbonnier M., 2019. *Arbres, arbustes et lianes d'Afrique de l'Ouest*. Éditions Quæ, Versailles, France, 776 p.

Arvalis, 2003. *Séchage des grains en organisme stockeur.* Arvalis-Institut du Végétal, Paris, 133 p.

Bassey M.W., Schmidt O.G., 1990. *Les décortiqueurs à disques abrasifs en Afrique*. De la recherche à la diffusion, CRDI, Ottawa, 106 p.

Beach E.F., 1971. La mécanisation et l'emploi. *L'Actualité économique*, 47(2) : 225-249. https://doi.org/10.7202/1003912ar

Besançon P., 1994. Innocuité et disponibilité des nutriments dans les aliments de complément. *In :* Trèche S., de Benoist B., Benbousid D., Delpeuch F., éds. *L'alimentation de complément du jeune enfant.* Actes d'un atelier OMS/ORSTOM interpays, Université Senghor, Alexandrie, Egypte, p. 105-121.

Bhattacharya K.R., Ali S.Z., 2015. *Introduction to rice-grain technology.* Woodhead publishing India, New Delhi, 289 p.

Bhattacharya K.R., 1985. Parboiling of rice. *In:* Juliano B.O., ed. *Rice chemistry and technology*. The American Association of Cereal Chemists, St. Paul, Minnesota, USA, p. 289-348.

Bitter D., Bitar N.P., 2012. Comida, trabalho e patrimônio: notas sobre o ofício das baianas de acarajé e das tacacazeiras. *Horizontes Antropológicos,* 18(38): 213-236. https://dx.doi.org/10.1590/S0104-71832012000200009

Borasio L., Gariboldi F., 1957. *Illustrated glossary of rice processing machines*. FAO, Roma, 49 p.

Bricas N., 1991. *Des moulins fabriqués au burin : la fabrication artisanale des moulins à mil au Sénégal.* Cirad-Ceemat, Montpellier, France, 8 p.

Bricas N., Bridier B., Devautour H., Mestres C., 1995. La valorisation du maïs à l'échelon villageois. *In : Production et valorisation du maïs à l'échelon villageois en Afrique de l'Ouest, Actes du séminaire « Maïs prospère », 25-28 janvier 1994, Cotonou, FSA-UNB, Bénin*. Cirad-Sar, Montpellier, France, p. 69-105.

Bricas N., Martin P., Tchamda C., 2016. Le secteur agro-alimentaire : un point de vue par la consommation. *In :* Bricas N., Tchamda C., Mouton F., dir. *L'Afrique à la conquête de son marché alimentaire intérieur. Enseignements de dix ans d'enquêtes auprès des ménages d'Afrique de l'Ouest, au Cameroun et du Tchad.* AFD, collection Études de l'AFD 12, Paris, p. 75-85.

Bridier B., 1997. Appui à la création de petites entreprises agroalimentaires en Afrique de l'Ouest. *In :* Lopez E., Muchnik J., éds. *Le développement agroalimentaire local*. Éditions l'Harmattan, Paris, p. 233-244.

Broutin C., François M., 2018. Le paysage des entreprises agroalimentaires en Afrique de l'Ouest. *Grain de sel,* 75 : 16-18.

Broutin C., Sokona K., 1999. *Innovations pour la promotion des céréales locales, reconquérir les marchés urbains.* PGret-Enda Éditions, Paris, Dakar, 147 p.

Broutin C., Totté A., Tine E., François M., Carlier R., Badini Z., 2003. *Transformer les céréales pour les nouveaux marchés urbains : opportunités pour des petites entreprises en Afrique.* GRET-MAE, Paris, 296 p.

Burges H.D., Burrell N.J., 1964. Cooling bulk grain in the British climate to control storage insects and to improve keeping quality. *Science of Food and Agriculture,* 15(1): 32-50.

Ceemat, 1974. *Manuel de conservation des produits agricoles tropicaux*. Collection Techniques rurales en Afrique, Secrétariat d'État aux Affaires Etrangères, France, 355 p.

Chaloub Y., 1979. *Guide pratique d'alimentation des monogastriques*. Centre de Recherche agronomique de Foulaya (Craf), Kindia, Guinée.

Chantereau J., Cruz J.F., Ratnadass A., Trouche G., Fliedel G., 2013. *Le sorgho*. Collection Agricultures tropicales en Poche, Quæ, Presses agronomiques de Gembloux, CTA, Versailles, Gembloux, Wageningen, 245 p.

Chasseray P., 1991. Caractéristiques physiques des grains et de leurs dérivés. *In :* Godon B., Willm C., éds. *Les industries de première transformation des céréales.* Tec & Doc, Éditions Lavoisier, Paris, p. 105-144.

Clément G., Séguy J.L., 1994. Le comportement des riz à l'usinage. *Agriculture et développement*, 3 : 38-46.

Codex CAC GL 08-1991. Lignes directrices pour la mise au point des préparations alimentaires complémentaires destinées aux nourrissons du deuxième âge et aux enfants en bas âge. Norme alimentaire du *Codex Alimentarius* CXG -8f. FAO, Rome.

Codex STAN 074-1981, rév. 2006. Norme pour les aliments à base de céréales destinés aux nourrissons et aux enfants en bas âge. Norme Alimentaire du Codex Alimentarius CX 74. FAO, Rome. http://www.fao.org/fao-who-codexalimentarius/codex-texts/list-standards/en/

Coulibaly Y.M., Havard M., 2015. The rice processing units at the Niger Office in Mali. *CIGR Journal*, 17(2): 176-184. http://www.cigrjournal.org/index.php/Ejounral/article/viewFile/3017/2113)

Cruz J.F., 2004. Fonio: a small grain with potential. *Leisa (magazine on low external input and sustainable agriculture. Valuing crop diversity)*, 20(1): 16-17.

Cruz J.F., 2003. *Transformation des céréales*. Cirad, Montpellier, France, 22 p.

Cruz J.F., 1999. Évolution des techniques après récolte. La transformation artisanale du riz en Afrique subsaharienne. *Agriculture et développement*, 23 : 84-91.

Cruz J.F., Allal M., 1986. *Le stockage du grain*. BIT, Genève, Série technologie, Dossier Technique n°11, 121 p.

Cruz J.F., Béavogui F., Dramé D., 2011. *Le fonio, une céréale africaine*. Collection Agricultures tropicales en Poche, Quæ, Presses Agronomiques de Gembloux, CTA, Versailles, Gembloux, Wageningen, 175 p.

Cruz J.F., Dramé D., Thaunay P., 2000. *Essais des équipements de transformation au Mali.* Projet CFC Amélioration des technologies post-récolte du fonio, Rapport intermédiaire n°1-7/00, IER, Cirad, Bamako, Mali, 14 p. + annexes.

Cruz J.F., Havard M., 1994a. Grain Harvesting, threshing and cleaning: technical alternatives constraints, evaluation of costs references. *In: Grain storage techniques. Evolution and trends in developing countries.* Proctor D.L., Roma, FAO agricultural services bulletin n °108.

Cruz J.F., Havard M., 1994b. Innovations dans le domaine du machinisme agricole tropical. L'exemple du décorticage des céréales en Afrique subsaharienne. *Marchés Tropicaux et Méditerranéens (2539), numéro spécial Produits tropicaux*, p. 1429-1432.

Cruz J.F., Hounhouigan D.J., Fleurat-Lessard F., Troude F., 2016. *La conservation des grains après récolte.* Collection Agricultures tropicales en Poche, Quæ, Presses Agronomiques de Gembloux, CTA, Versailles, Gembloux, Wageningen, 231 p.

Cruz J.F., Kébé C.M.F., Rivier M., Diallo A., Anne A.A., Méot J.M., 2017. *Séchage du fonio. Le séchoir à flux traversant CSec-T*. Livrable 12. Projet n °AURG/2/161, Aval Fonio. Amélioration de l'après récolte et valorisation du fonio en Afrique. Cirad-Ucad, Montpellier, France, 19 p.

Cruz J.F., Souaré D., 1997. *La transformation du riz en Guinée*. Projet Pasal. Cirad, Montpellier, France, 22 p.

Cruz J.F., Troude F., Griffon D., Hebert J.P., 1988. *Conservation des grains en régions chaudes*. 2e édition, ministère de la Coopération et du Développement, Paris, 545 p.

Delannoy J., 1977. Les équipements pour traiter les produits après la récolte. CEEMAT, Antony, France. *Machinisme agricole tropical,* 60 : 3-29.

Dimaria S., Schwartz H., Icard-Vernière C., Picq C., Zagre N., Mouquet-Rivier C., 2018. Adequacy of Some Locally Produced Complementary Foods Marketed in Benin, Burkina Faso, Ghana, and Senegal. *Nutrients*, 10(6): 785.

Diop A., Hounhouigan J.D., Kossou D.K., 1997. Conservation et transformation des grains. *In :* Diop A., éd. *Technologie post-récolte et commercialisation des produits vivriers. Manuel de référence pour Techniciens spécialisés.* Danida, Pasda, ministère du Développement rural du Bénin, 110 p.

Dumont R., 1934. *La culture du riz dans le delta du Tonkin. Étude et proposition d'amélioration des techniques traditionnelles de riziculture tropicale*. Sociétés d'éditions géographiques maritimes et coloniales, Paris.

Eastman P., 1982. *L'adieu au pilon. Un nouveau système de mouture mécanique en Afrique*. CRDI, Ottawa, 68 p.

FAO, 2015. *Vue d'ensemble régionale de l'insécurité alimentaire en Afrique. Des perspectives plus favorables que jamais*. Accra, FAO, Rome, 26 p.

FAO, 2004. *Human Vitamin and Mineral Requirements*, Second Edition. Report of a Joint FAO/WHO Expert Consultation, Roma. Available online at: http://apps.who.int/iris/bitstream/10665/42716/1/9241546123.pdf

FAO, 2002. *Agriculture, alimentation et nutrition en Afrique : un ouvrage de référence à l'usage des professeurs d'agriculture*. FAO, Rome.

FAO, 1995. *Le sorgho et les mils dans la nutrition humaine*. FAO, Rome, Alimentation et nutrition n° 27, 198 p.

FAO, 1994. Synthèse de l'expérience Africaine en amélioration des techniques après récolte. *In : Journées techniques, Service du Génie rural, AGSE, 4-8 juillet 1994, Accra, Ghana*. FAO, Rome. http://www.fao.org/docrep/w1100f/W1100F06.htm

FAO, 1990. *Utilisation des aliments tropicaux : légumineuses tropicales*. Étude FAO, Rome, Alimentation et nutrition n°47/4, 76 p.

Faure J., 1991. Les industries de première transformation des céréales dans les pays en développement. *In :* Godon B., Willm C., éds. *Les industries de première transformation des céréales.* Tec & Doc, Éditions Lavoisier, Paris, p. 627-664.

Favier J.C., 1989. Valeur nutritive et comportement des céréales au cours de leurs transformations. *In :* Parmentier M., Foua-Bi K., éds. *Céréales en régions chaudes*. John Libbey Eurotext, Paris, p. 285-297.

Feed the future, 2015. *Profilage, cartographie et évaluation des capacités des petites unités de transformation de la vallée du fleuve Sénégal*. Rapport final, centre de coordination des centres de gestion et d'économie rurale de la vallée du Fleuve Sénégal, 61 p.

Feillet P., 2000. *Le grain de blé : composition et utilisation.* Éditions Inra, Versailles, France, 308 p.

Ferré T., Cruz J.F., Medah I., Chtioui M., Dabat M.H., Devaux-Spatarakis A., Bore Guindo F. (collab.), Coulibaly A.T. (collab.), 2016. *La mécanisation du décorticage du fonio au Mali et au Burkina Faso*. Étude de cas. Cirad, Montpellier, France, 60 p.

Ferré T., Medah I., Guindo F., Cruz J.F., 2018. *Entreprises de transformation du fonio et innovations au Mali.* Livrable 18. Projet n° AURG/2/161, Aval fonio. Work Package 4, Processus d'innovation dans les petites agro-industries de transformation du fonio. Cirad, Montpellier, France, 26 p.

Ferré T., Muchnik J. 1993. Le *nététou* au Sénégal, systèmes techniques et innovation. *In :* Muchnik J., éd. *Alimentation, techniques et innovations dans les régions tropicales.* Cirad-Sar, Éditions L'harmattan, Paris, p 263-293.

Fleurat-Lessard F., 1982. Les insectes et les acariens. *In :* Multon J.L., coord. *Conservation et stockage des grains et graines et produits dérivés.* Éditions Lavoisier Tec & Doc, Paris, p. 394-436.

Fliedel G., 1994. Évaluation de la qualité du sorgho pour la fabrication du *tô*. *Agriculture et développement*, 4 : 12-21.

Fliedel G., Ouattara M., Grabulos J., Drame D., Cruz J.F., 2004. Effet du blanchiment mécanique sur la qualité technologique, culinaire et nutritionnelle du fonio, céréale d'Afrique de l'Ouest. *In :* Brouwer I.D., Traoré A.S., Trèche S., éds. *Voies alimentaires d'amélioration des situations nutritionnelles en Afrique de l'Ouest : le rôle des technologues alimentaires et des nutritionnistes, actes du 2e atelier international, 23-28 novembre 2003, Ouagadougou, Burkina Faso.* Presses universitaires de Ouagadougou, Burkina Faso, p 599-614.

Floquet A., 2006. *Micro-entreprises agroalimentaires et développement économique local : trajectoire d'évolution de cinq clusters féminins dans deux agglomérations moyennes au Bénin. In : Actes du 3e colloque des Sciences, Cultures et Technologies de l'UAC-Bénin*, p. 89-110.

Floquet A., Mongbo R., Triomphe B., 2015. Processus d'innovation en agriculture familiale au Bénin : une analyse des facteurs de succès et d'échec. *Agronomie, Environnement et Sociétés*, 5(2) : 77-86.

François M., 1988. *Du grain à la farine : le décorticage et la monture des céréales en Afrique de l'Ouest.* Collection Point sur les technologies, Gret, Paris, 279 p.

Gariboldi F., 1974. Rice milling equipment, operation and maintenance. *Agricultural service bulletin* 22. FAO, Roma, 95 p.

Godon B., Willm C., 1991. *Les industries de première transformation des céréales. Techniques et documentation.* Tec & Doc, Éditions Lavoisier, Paris, 679 p.

Goita B., 1994. La transformation du maïs au village : l'exemple des mini-minoteries au sud du Mali. *In : Production et valorisation du maïs à l'échelon villageois en Afrique de l'Ouest, Actes du séminaire « Maïs prospère », 25-28 janvier 1994, Cotonou, FSA-UNB, Bénin.* Cirad-Sar, Montpellier, France, p. 264-275.

Goussault B., 1975. *Étude du pelage des mils.* SEPIAL, Paris, 19 p.

GTZ/BMZ, 1996. *Manuel sur l'Environnement Volume II. Agriculture, Secteur Minier et Énergie, Industrie et Artisanat.* Friedr. Vieweg & Sohn Verlagsgesellschaft mbH, Brunswick, Allemagne, 751 p.

Havard M., 2016. *Quelles recherches sur la mécanisation agricole en Afrique Sub-Saharienne ?* PROIntensAfrica Union européenne, Note Cirad UMR Innovation, contribution au WP2, Montpellier, France, 8 p.

Havard M., 2003. *Conseil de gestion aux petites et moyennes entreprises de décorticage du riz auprès de l'Urdoc-2.* Compte-rendu de mission au Mali, 20 avril-3 mai 2003. Cirad, Montpellier, France, 37 p.

Hoseney R.C., 1986. *Principles of Cereal Science and Technology.* The American Association of Cereal Chemists, St. Paul, Minnesota, USA, 327 p.

Hounhouigan J.D., Nout M.J.R., Nago M.C., Houben J.H., Rombouts F.M., 1993. Changes in the physico-chemical properties of maize during natural fermentation of *mawé*. *Journal of Cereal Science,* 17(3): 291-300.

Houssou P., Ahoyo Adjovi N.R., Hounyevou-Klotoe A., Dansou V., Olou D., Djivoh H., Ekpo J., 2015. *Guide pratique pour la production du gambari-lifin au Bénin.* MAEP, SGM, INRAB, Bénin, 12 p.

Houssou P.A., Klotoe A., 2001. *Test de performance de la machine à décortiquer le fonio «type Sanoussi» du Sénégal.* Programme de technologies agricole et alimentaire, Institut national de recherches agricoles du Bénin. Inrab, Cotonou, 9 p.

IOB, 2013. *Évaluation d'impact des foyers améliorés au Burkina Faso. Étude de l'impact de deux activités bénéficiant du soutien du Programme de promotion des énergies renouvelables.* Direction Évaluation de la politique et des opérations (IOB), Ministère néerlandais des Affaires étrangères, La Haye, 104 p.

Jideani I.A., Owusu R.K., Muller H.G., 1994. Proteins of acha (*Digitaria exilis* Stapf): Solubility fractionation, gel filtration, and electrophoresis of protein fractions. *Food Chemistry*, 51: 51-59.

Kebakile M.M., 2008. *Sorghum dry-milling processes and their influence on meal and porridge quality.* PhD dissertation, Department of Food Science, University of Pretoria, South Africa, 157 p.

Koura K., Ouidoh P.I.G., Azokpota P., Ganglo J.C., Hounhouigan D.J., 2014. Caractérisation physique et composition chimique des graines de *Parkia biglobosa* (Jacq.) R. Br. en usage au Nord-Bénin. *Journal of Applied Biosciences*, 75 : 6239-6249.

Kunze O.R., Hall C.W., 1965. Relative changes that cause brown rice to crack. *Transactions of the ASAE*, 8(3): 396-399.

Lasseran J.C., 1977. Principes généraux du séchage. *Perspectives agricoles*, 6 : 3-29.

Losch B., 2012. Prévention des crises en Afrique subsaharienne. Relever le défi de l'emploi : l'agriculture au centre. *Perspective,* (19) : 1-4.

Madodé Y.E., Houssou P.A., Linnemann A.R., Hounhouigan D.J., Nout M.J.R., van Boekel M.A.J.S., 2011. Preparation, Consumption and Nutritional Composition of West African Cowpea Dishes. *Ecology of Food and Nutrition*, 50(2): 115-136. DOI: 10.1080/03670244.2011.552371)

Maïzi P., Nago M.C., Houn-houigan J.D., Gutierrez M.L., 2000. *Un exemple d'intégration des femmes dans la filière du néré : production et commercialisation de l'*afitin fon *dans la région d'Abomey-Bohicon au Bénin*. Série ALISA. Cirad, Montpellier, France, 124 p.

Malabo Montpellier Panel, 2018. *Mechanized: Transforming Africa's Agriculture Value Chains*. Dakar, 55 p.

Marouzé C., Dramé D., Brouat J., Coulibaly B., 2005a. *Crible rotatif long (CRL), dossier de fabrication : version manuelle et version motorisée.* Projet Fonio CFC/ICG, Projet Fonio

CFC/ICG, Amélioration des technologies post-récolte du fonio. Cirad, IER, Irag, Irsat, Éditions L'Harmattan, Paris, 26 p.

Marouzé C., Thaunay P., Dramé D., Diop A., 2005b. *Canal de vannage pour grains et graines, dossier de fabrication.* Projet Fonio CFC/ICG, Amélioration des technologies post-récolte du fonio, Cirad, IER, Irag, Irsat, Éditions L'Harmattan, Paris, 38 p.

Marouzé C., Thaunay P., Dramé D., Loua F., Son G., Diop A., 2005c. *Décortiqueur à fonio GMBF, dossier de fabrication*. Projet Fonio CFC/ICG, Amélioration des technologies post-récolte du fonio, Cirad, IER, Irag, Irsat, Éditions L'Harmattan, Paris, 43 p.

Mbengue H.M., 1989. Étude d'un décortiqueur adapté aux besoins de transformation artisanale des mils, maïs et sorgho au Sénégal. *In :* Parmentier M., Foua-Bi K., éds. *Céréales en régions chaudes*. John Libbey Eurotext, Paris, p. 255- 263.

Mbengue H.M., Havard M., 1986. *La technologie post-récolte du mil au Sénégal. Importance relative des filières et des techniques utilisées. Étude des différents niveaux de mécanisation.* ISRA, Dakar, 46 p.

Menard S., Vignolles B., 2013. Le progrès technique détruit-il plus d'emplois qu'il n'en crée ? *Regards croisés sur l'économie*, 13 : 45-48.

Mestres C., Ferré T., 1993. La nixtamalisation au Sénégal. *In :* Muchnik J., éd. *Alimentation, techniques et innovations dans les régions tropicales*. Cirad-Sar. Éditions L'harmattan, Paris, p. 429-451.

Miche J.C., 1987. *Traitement et usinage du paddy. Du village à l'usine*. FAO, Rome, 98 p.

Miche J.C., 1980. Utilisation potentielle du sorgho dans un système industriel intégré de mouture et de pastification. *In : Amélioration des systèmes post-récolte en Afrique de l'Ouest*. Agence de Coopération culturelle et technique, Paris, p. 171-192.

Mouquet-Rivier C., Amiot M.J., 2019. Les légumineuses dans nos assiettes : que nous dit la science ? Nutriments et composés bioactifs. *Innovations Agronomiques*, 74 : 203-213. doi:10.15454/uyixyr

Morris M., 1986. *The cereals sub-sector in the Senegal River-Valley. A marketing policy analysis.* Michigan State University, Department of Agricultural Economics, Michigan, USA, 347 p.

Multon J.L., 1982. *Conservation et stockage des grains et graines et produits dérivés, volume 1 et 2.* Collection Sciences et Techniques agroalimentaires, Tec & Doc, Éditions Lavoisier, Paris, 1155 p.

Nago M.C., Hounhouigan J.D., Thuillier C., 1995. Transformation traditionnelle du maïs au Bénin : aspects technologiques et socio-économiques. *In : Production et valorisation du maïs à l'échelon villageois en Afrique de l'Ouest, Actes du séminaire « Maïs prospère », 25-28 janvier 1994, Cotonou, FSA-UNB, Bénin*. Cirad-Sar, Montpellier, France, p. 238-247.

Ndjouenkeu R., Mbofung C.M.F., Etoa F.X., 1989. Étude comparative de quelques techniques de transformation du maïs en farine dans l'Adamaoua. *In :* Parmentier M., Foua-Bi K., éds. *Céréales en régions chaudes*. John Libbey Eurotext, Paris, p. 179-186.

Norme NBF 01-198, 2014. Norme du Burkina Faso. Farines infantiles – Spécifications.

Nout R., Hounhouigan D.J., van Boekel T., 2003. *Les aliments, transformation, conservation et qualité*. Backhuys Publishers, Wageningen, The Netherlands, 268 p.

Rivier M., Cruz J-F., 2007. *Étude de la précuisson du fonio au sein de petites entreprises de transformation à Bamako (Mali) et à Ouagadougou (Burkina Faso)*. Projet n° 015403 Fonio. Amélioration de la qualité et de la compétitivité de la filière fonio en Afrique de l'Ouest. Cirad, Montpellier, France, 12 p.

Rooney L.W., 1978. Sorghum and pearl millet lipids. *Cereal Chemistry*, 55(5): 584-590.

Rooney L.W., Pflugfelder R.L., 1986. Factors affecting starch digestibility with special emphasis on sorghum and corn. *Journal of Animal Science,* 63(5): 1607-1623.

Sanghvi T., 1991. *Nutriments vitaux : le fer, l'iode et la vitamine A au service de la vie, de la santé et de la productivité*. Arlington, États-Unis. International Science and Technology Institute, Inc. Contrat No. DAN-5116-C-00-9114-00.

Sanogo M., 1994. Technologies et équipements utilisables pour la fabrication de farines infantiles. *In :* Trèche S., De Benoist B., Benbouzid D., Delpeuche F., éds. *L'alimentation de complément du jeune enfant. Actes de l'atelier OMS, Orstom, Alexandrie, novembre 1994*. Ortsom Éditions, France, p. 237-247.

Satake R.S., 1994. New methods and equipment for processing rice. *In:* Marshall W.E., Wadsworth J.I., eds. *Rice science and technology*. M. Dekker, New York, USA, p. 229-262.

Seck I., 1989. Expériences de décorticage des céréales (mil, sorgho, maïs) au Sénégal. *In :* Parmentier M., Foua-Bi K., éds. *Céréales en régions chaudes*. John Libbey Eurotext, Paris, p. 273- 282.

Sims B., Hilmi M., Kienzle J., 2016. *Agricultural mechanization: A key input for sub-saharan Africa smallholders*. FAO, Roma, Integrated Crop Management n° 23, 44 p.

Tandia D., Havard M., 1992. *La transformation du paddy dans la vallée du fleuve Sénégal*. Isra, Études et Documents vol. 5 n°1, Dakar, 57 p.

Turner M., 2013. *Les Semences.* Collection Agricultures tropicales en Poche, Éditions Quæ, Presses Agronomiques de Gembloux, CTA, Versailles, Gembloux, Wageningen, 224 p.

UNCTADSTAT, Base de données statistique de la Cnuced, 2013. http://unctadstat.unctad.org/ReportFolders/reportFolders.aspx?sCS_referer=&sCS_ChosenLang=fr

Vaitilingom G., 1996. Rice-husk gasifier for heat and electricity production for small to medium mills. *In:* Champ B.R., Highley E., Johnson G.I., eds. *Grain drying in Asia. International Conference: Grain Drying in Asia, Bangkok, Thaïlande, 17-20 Octobre 1995. Aciar proccedings,* 71: 367-368.

Van Ruiten H.T.L., 1985. Rice milling: An overview. *In:* Juliano B.O., ed. *Rice chemistry and technology*. The American Association of Cereal Chemists, St. Paul, Minnesota, USA, p. 349-388.

Weaver C.M., Kannan S., 2002. Phytate and mineral bioavailability. *In:* Reddy N.R., Sathe S.K., eds. *Food phytates.* CRC Press, Boca Raton, USA, p. 211-224.

Willm C., 1991. La mouture semi-humide du maïs. *In :* Godon B., Willm C., éds. *Les industries de première transformation des céréales.* Tec & Doc, Éditions Lavoisier, Paris, p. 397-421.

Glossaire

Abrasion (*Grinding*) : principe de transformation des grains consistant à favoriser leur frottement sur une surface abrasive pour réaliser le décorticage et/ou le blanchiment.

Aflatoxine (*Aflatoxin*) : les aflatoxines sont des mycotoxines produites par des moisissures (*Aspergillus* spp.) particulièrement fréquentes sur les grains dans les régions chaudes et humides.

Agriculture familiale (*Family agriculture, family farming*) : agriculture reposant sur une main-d'œuvre familiale et souvent synonyme d'agriculture paysanne notamment dans les pays du Sud.

Albumen (*Endosperm*) : tissu entourant l'embryon et contenant les réserves nutritives de la graine.

Aleurone (*Aleurone granules*) : les grains d'aleurone sont des granules composés surtout de protéines de type globulines présents dans l'assise protéique des céréales. On parle de couche à aleurone ou d'assise protéique pour qualifier la couche de cellules, riches en protéines, les plus externes de l'albumen.

Amidon (*Starch*) : glucide complexe formé de molécules de glucose. L'amidon constitue la réserve énergétique des grains de céréales.

Amylopectine (*Amylopectin*) : principal constituant de l'amidon formé de chaînes ramifiées de glucose.

Amylose (*Amylose*) : constituant de l'amidon formé par des chaînes non ramifiées de molécules de glucose. Selon les céréales, l'amylose est plus ou moins présent.

Autoconsommation (*Selfconsumption*) : consommation par les agriculteurs des produits de leur propre production. C'est souvent le cas dans de nombreuses exploitations, notamment dans les pays du Sud.

Balles (*Hull*) : enveloppes externes (glumes et glumelles) des grains de céréales vêtues (riz, fonio, orge, avoine, épeautre). Les balles représentent 20 % à 25 % du poids brut.

Banco (*Banco*) : terre crue argileuse, enrichie de pailles de céréales, utilisée comme matériau de construction pour la réalisation de différentes structures (habitations, greniers).

Battage (*Threshing*) : en agriculture, le battage est une opération post-récolte qui consiste à séparer les grains de l'épi ou de la tige.

Blanchiment (*Whitening*) : opération de transformation qui consiste à éliminer le péricarpe et le germe des grains pour ne conserver que l'albumen. Cette opération suit le décorticage.

Blutage (*Sifting*) : opération qui consiste à faire passer un produit pulvérulent à travers un tamis comme, par exemple, un produit de mouture pour séparer la farine du son.

Bouillie (*Porridge*) : préparation culinaire à base de farine de céréales et d'eau très consommée en Afrique subsaharienne.

Caroténoïde (*Carotenoids*) : groupe de pigments variant du jaune au rouge produits par les plantes et responsables de la couleur caractéristique de plusieurs organes végétaux ou animaux. On distingue les carotènes (carotte, tomate) et les xanthophylles (maïs, jaune d'œuf).

Caryopse (*Caryopsis*) : fruit sec simple de graminées obtenu après fécondation de la fleur. Le caryopse est plus prosaïquement appelé grain.

Cellule (*Bin*) : élément individualisé d'un stockage de capacité variable dans lequel les grains sont stockés en vrac.

Chélateur (*Chelator*) : composé ou molécule ayant la possibilité de s'associer à des ions positifs pour constituer des complexes stables, non toxiques. L'acide phytique, présent dans les graines de nombreuses céréales et légumineuses, est un chélateur fort de minéraux importants comme le calcium, le magnésium, le fer et le zinc. Il est ainsi considéré comme un anti-nutriment.

Claquage (*Reduction*) : opération qui consiste à réduire les semoules moyennes en farine par passage entre des cylindres lisses.

Conductibilité thermique (*Thermal conductivity*) : propriété qu'ont les matériaux de transmettre plus ou moins facilement la chaleur d'un point à un autre de leur masse.

Cotylédon (*Cotyledon*) : feuille primordiale contenue dans la graine. Les céréales sont monocotylédones, le cotylédon est appelé scutellum. Les légumineuses sont dicotylédones.

Croissant fertile (*Fertile Crescent*) : zone de Mésopotamie considérée comme le berceau de l'agriculture avec domestication de nombreuses espèces de plantes et d'animaux au néolithique.

Décorticage (*Hulling*) : opération post-récolte qui consiste à débarrasser les grains de leurs enveloppes externes.

Dégermage (*Degerming*) : élimination du germe des grains.

Dégué (*Degue*) : en langue bambara, mot désignant les granules de petites tailles (2 à 3 mm) élaborés à partir de farine de céréales (sorgho, mil, fonio) et précuits à la vapeur. Le *dégué* désigne aussi la préparation culinaire constituée de ces granules de céréales délayés dans du yaourt ou du lait caillé et du sucre.

Déprédateurs (*Pest*) : sont qualifiés le plus souvent de déprédateurs ou de ravageurs les insectes et les rongeurs qui s'attaquent aux réserves de grains et qui sont à l'origine de pertes importantes ; à ne pas confondre avec prédateurs.

Embryon (*Embryo*) : ébauche de la future plante avec gemmule (future tige) et radicule (future racine) qui, avec le scutellum, constitue le germe du grain.

Étuvage (*Parboiling*) : c'est un procédé très ancien, généralement appliqué au riz, qui consiste en un traitement hydrothermique des grains de riz paddy suivi d'un séchage.

Étuveuses (*Parboilers*) : ustensiles (marmites, fûts, machines) utilisés pour réaliser l'étuvage des grains et, par extension, sont nommées ainsi les femmes réalisant l'étuvage des grains.

Fonio (*Fonio*) : céréale ancestrale (*Digitaria exilis*) d'Afrique de l'Ouest aux grains minuscules.

Friction (*Friction*) : principe de transformation des grains consistant à favoriser les frottements de « grain sur grain » pour réaliser le blanchiment.

Glumes (*Glumes*) : bractées qui entourent la base des épillets chez les graminées.

Glumelles (*Lemma and palea*): bractées qui forment l'enveloppe extérieure de chaque fleur, chez les graminées.

Grain vitreux (*Corneous grain*) : grain dont l'albumen est naturellement dur et translucide avec une structure compacte, par opposition aux grains farineux à structure friable et donnant une farine blanche.

Granulation (*Granulation*) : processus de formation de petits granules sphériques à partir de farines réhumidifiées.

Gritz (*Grits*) : brisures ou grosses semoules de l'ordre de 2 mm. Les gritz de maïs sont souvent utilisés en complément du malt d'orge en industrie brassicole.

Hile (*Hilum*) : point d'attache du grain avec la plante mère dont il est issu.

Humidité (*Moisture content*) : l'humidité ou teneur en eau des grains est le rapport, exprimé en pourcentage, entre la masse d'eau contenue dans un échantillon de grains et la masse totale de l'échantillon. L'expression « en base humide » signifie que la mesure est effectuée par rapport à la matière humide (masse totale), non par rapport à la matière sèche.

Humidité de sauvegarde (*Safe moisture content*) : humidité du produit au-dessous de laquelle les microorganismes, et notamment les moisissures, ne peuvent pas se développer lors du stockage.

Hygroscopique (*hygroscopic*) : constituant ayant la propriété d'absorber ou d'adsorber l'humidité de l'air.

Légumineuses (*Legumes*) : plantes dont le fruit est une gousse (haricot, pois, fève, niébé, soja) et qui sont plus riches en protéines que les céréales. Les légumineuses sont capables de fixer l'azote atmosphérique en association symbiotique avec des bactéries.

Marteau (*Hammer*) : élément métallique, fixe ou mobile, solidaire du rotor d'un broyeur à grains.

Matière sèche (*Dry matter*) : produit obtenu après élimination totale de l'eau contenue.

Mécanisation (*Mechanization*) : développement ou utilisation de machines au niveau des exploitations agricoles ou des unités de transformation des produits agricoles. Elle inclut les trois principales sources d'énergie (humaine, animale et mécanique), s'étend aux services liés à la mécanisation et s'intéresse également aux politiques économiques et institutionnelles ayant des effets directs ou indirects sur l'équipement agricole ou agroalimentaire.

Microorganismes (*Microorganisms*) : organismes microscopiques (moisissures, levures, bactéries) présents à la surface des grains.

Mycotoxine (*mycotoxin*) : substance produite par des moisissures et toxique pour l'homme et les animaux. Les plus nocives pour la santé (cancérogènes) sont les aflatoxines produites par des *Aspergillus* spp.

Natte (Mat): Sorte de tapis en paille tressée souvent utilisé pour le séchage naturel des produits agricoles et alimentaires.

Nettoyage (*Cleaning*) : opération qui a pour objet d'éliminer les impuretés diverses, végétales, minérales ou animales (paille, balles, terre cailloux, insectes) qui nuisent à la bonne conservation des grains.

Niébé (*Cowpea*) : petit haricot ou dolique à œil noir (*Vigna unguiculata*), couramment cultivé en Afrique de l'Ouest.

Nixtamal (*Nixtamal*) : mot d'origine nahuatl (Mexique) désignant le produit issu de la cuisson alcaline du maïs. Après broyage du nixtamal on obtient une pâte (*masa*) qui sert notamment à la préparation de galettes appelées tortillas.

Oléagineux (*Oilseed*) : graine (arachide, sésame, colza, tournesol) riche en huile.

Panicule (*Panicle*) : une panicule est une inflorescence composée, formée par une grappe d'épis comme pour le riz ou le sorgho.

Péricarpe (*Pericarp*) : le péricarpe est la paroi du fruit ou, pour les céréales, la « peau » du grain ou caryopse.

Pesticide (*Pesticide*) : produit chimique destiné à éliminer les animaux déprédateurs et les plantes considérés comme nuisibles, mais qui représente un très grand facteur de pollution.

Plansichter (*Plansifter*) : machine constituée de tamis horizontaux animés d'un mouvement alternatif et utilisée pour séparer les différents produits de mouture.

Poacées (*Poaceae*) : famille botanique (anciennement Graminées) de plantes essentiellement herbacées comprenant les céréales, à l'exception du sarrasin qui est une Polygonacée, et du quinoa et de l'amarante qui sont des Chénopodiacées.

Post-récolte (*Post-harvest*) : opérations réalisées après la récolte et qui pour les céréales comprennent notamment les principales activités techniques que sont le battage, le nettoyage, le séchage, le stockage, la transformation.

Protéagineux (*Protein crop*) : graine légumineuse (pois, fève, soja) riche en protides.

Riz cargo (*Brown rice*) : riz brun ou riz complet obtenu par décorticage du riz paddy (élimination des enveloppes extérieures ou balles). Dans le commerce du riz, c'est souvent sous cette forme qu'il est transporté dans les navires, d'où son nom.

Riz paddy (*Paddy rice*): riz à l'état brut, non décortiqué, obtenu après battage. Il n'est pas comestible en l'état car il conserve ses enveloppes extérieures ou balles riches en silice.

Sassage (*Sieving*) : tamisage mécanique auquel sont soumises les semoules après le blutage.

Scutellum (*Scutellum*) : partie de l'embryon des graines de graminées ayant une forme aplatie et appliquée contre la réserve amylacée de la graine. Le scutellum est parfois assimilé à un cotylédon modifié.

Son (*Bran*) : sous-produit ou co-produit de la transformation obtenu après blanchiment des grains. Les sons, constitués de fragments de péricarpe et de germe, sont riches en fibres, en matières grasses et en vitamines et sont souvent valorisés en alimentation animale.

Soudano-sahélien (*Soudano-sahelian*) : zone climatique au sud du Sahel caractérisée par une longue saison sèche et une seule saison des pluies, très courte, avec des précipitations annuelles se situant entre 500 et 900 mm.

Soumbala (*Soumbala*) : condiment traditionnel d'Afrique de l'Ouest, appelé *nététou* au Sénégal, *afitin* au Bénin ou encore *dawadawa* au Nigeria, réalisé à partir de graines de néré (cuites, décortiquées, fermentées, salées, séchées). Ce produit est souvent conditionné sous la forme de boulettes.

Testa (*seed coat*) : tégument externe de la graine qui peut contenir des tannins.

Texture des aliments (*Food texture*) : manifestation sensible et fonctionnelle des propriétés structurales et mécaniques des aliments, détectées par les sens de la vision, de l'ouïe, du toucher.

Transformation des grains (*Grain processing*) : terme général utilisé pour parler de l'ensemble des opérations technologiques réalisées sur les grains comme le décorticage, le blanchiment, la mouture.

Transformatrices (*Women processors*) : femmes qui transforment les produits locaux pour les valoriser. En Afrique, ces transformatrices, très dynamiques, travaillent parfois en groupements de femmes ou créent et gèrent des petites entreprises de transformation.

Tannins (*Tannins*) : composés polyphénoliques présents chez les végétaux où ils assurent un rôle protecteur contre certains ravageurs. Chez les graines de sorgho, ils sont concentrés dans la couche brune. Solubles dans l'eau et réagissant avec les protéines, ils diminuent la digestibilité des graines et confèrent de l'amertume aux préparations. Plus positivement, ils ont des propriétés anti-oxydantes.

Vannage (*Winnowing*) : nettoyage des grains battus pour les séparer de leurs impuretés (balles, portions de tiges, poussières) au moyen d'un van et/ou en utilisant l'effet d'un courant d'air.

Vrac (*Bulk*) : désigne les produits qui ne sont pas conditionnés ou emballés.

Photo de couverture :
Remplissage d'un couscoussier pour la précuisson du fonio
(© Jean-François Cruz, Cirad)

Édition : Presses agronomiques de Gembloux et Éditions Quæ

Mise en pages : Hélène Bonnet – Studio 9

Fichier préparé par Nicolas Perrier, société 4P
Imprimé pour vous par Books on Demand (Allemagne)

www.ingramcontent.com/pod-product-compliance
Lightning Source LLC
LaVergne TN
LVHW010551160826
845677LV00013B/3084